中国符号

中国家具

U0381158

朱辉
——
【主编】

王睿
——

【著】

河海大学出版社
HOHAI UNIVERSITY PRESS
·南京·

图书在版编目（CIP）数据

中国家具 / 王睿著. -- 南京 ：河海大学出版社，
2024.12. --（中国符号 / 朱辉主编）. -- ISBN 978-7-
5630-9544-5

Ⅰ. TS666.202-49

中国国家版本馆 CIP 数据核字第 2024UA5857 号

丛 书 名 / 中国符号
书　　名 / 中国家具
　　　　　 ZHONGGUO JIAJU
书　　号 / ISBN 978-7-5630-9544-5
责任编辑 / 彭志诚
丛书策划 / 张文君　李　路
文字编辑 / 陈彦清
特约编辑 / 翟玉梅
特约校对 / 李　萍
装帧设计 / 朱文浩　刘昌凤
出版发行 / 河海大学出版社
地　　址 / 南京市西康路 1 号（邮编：210098）
电　　话 /（025）83737852（总编室）
　　　　　（025）83722833（营销部）
经　　销 / 全国新华书店
印　　刷 / 廊坊市印艺阁数字科技有限公司
开　　本 / 880 毫米 ×1230 毫米　1/32
印　　张 / 8
字　　数 / 200 千字
版　　次 / 2024 年 12 月第 1 版
印　　次 / 2024 年 12 月第 1 次印刷
定　　价 / 79.80 元

序

　　我们知道，符号是一种标识或印记。它是人类生命活动的积淀，具备明确而且醒目的客观形式；也是精神表达的方式，承载着丰富的意义。文化符号，可以说是一个民族的容颜。

　　一国与他国的区别，很重要的是精神和文化。中国历史数千年，曾遭遇无数次兵燹和灾害，却总能绝处逢生，生生不息，至今仍生机勃勃，是因为我们拥有着深入血液、代代相传的强大文化基因。我们生于斯长于斯，身上都流淌着饱含中华文化基因的血液。

　　文化发展浓缩到一定火候，自然会拥有符号功能，产生符号意义。中华文化以其鲜明的外在表现和深刻内涵，凸显着我们的屹立于世界民族之林的独特形象。

　　作为符号的中华文化，遍布中华大地，也潜藏于我们的心灵。我们在很多古宅前见过"耕读传家久，诗书继世长"，这是中国家庭的古训，耕田事稼穑，丰五谷，养家糊口，以立性命；读书知诗书，达礼仪，修身养性，以立高德。类似的楹联还有很多。再说匾额，"正大光明"悬于庙堂之上，"紫气东来""和气致祥""厚德载福"则多见于官邸民宅。它们是中华景观的点睛之笔，也是我们的精神底蕴。

文化需要我们的珍视。都听过二胡曲《二泉映月》，但这首曲子也曾命悬一线。1950年，华彦钧贫病交加，栖身于无锡雷尊殿，已不久于人世，南京国立音乐院教授杨荫浏偶然间得知此曲，很快找到了阿炳，他们用当时少见却算是先进设备的钢丝录音机，录下了阿炳自称"二泉印月"的杰作。他们又录下了二胡曲《听松》和《寒春风曲》，第二天，还录下了琵琶曲《大浪淘沙》《昭君出塞》《龙船》。其时阿炳已沉疴在身，衰弱不堪，当年年底，阿炳就去世了，这六首弥足珍贵的录音就成了阿炳的稀世绝唱。这曲早已走向世界的音乐，如果不被抢救，恐怕早已湮灭。

文化是坚韧的，但文化的载体或结晶有时却也很脆弱。外国人建造宫殿主要用石头，而我们主要用木材和砖头，这也是我们的古代宫殿难以保存千年的原因之一。家具则无论中外，都是木质的，相对于我们漫长的文明，家具显然脆弱娇贵。启功先生以"玩物不丧志"誉之的王世襄先生，

精于古代家具、漆器、绘画、铜佛、匏器的研究，对明代家具和古代漆器尤有贡献。他早年在燕京大学接受西式教育，却醉心于中国古代器物，穷毕生之力，搜集了无数珍贵文物，并为它们做出了科学便捷的索引。他的代表作《明式家具研究》已成为众多爱好者的工具书，上世纪 90 年代出版后，有晚辈因书价昂贵有所抱怨，王世襄先生闻之，专门登门赠书，以泽后人。黄苗子先生谓其"治学凭两股劲：傻劲和狠劲"；杨乃济先生评其"大俗大雅，亦古亦今，又南又北，也土也洋"；张中行先生感叹"唯天为大，竟能生出这样的奇才"，博雅的王世襄先生当得起如此赞誉。2003 年现身于公众面前的唐"大圣遗音"伏羲式琴，就是王世襄先生丰赡收藏中的一件，世人何其有幸，终于聆听到大唐盛世的悠扬琴音。

这样的故事还有很多。随着时代进步和科技发展，某些文化器物的实用性、功能性可能逐渐减弱乃至丧失，但是它们对人类的精神活动却具有巨大的影响，它们在创新中弥散、繁衍。研物可立志，在研究和把玩琢磨中，中华文化在现实生活和全球竞争中焕发出了新的生机。我们的传统服饰，近年来就常常成为国际品牌的流行元素；"功夫熊猫"早已成为国人自豪的网络热语；大型游戏《黑神话：悟空》2024 年横空出世，成为一时之热，我们理应向明万历年间的南京书商"金陵世德堂唐氏"致以最诚挚的敬意，他们以《新刻出像官板大字西游记》之名出版了神魔小说《西游记》。没有《西游记》作者不计名利的心血，没有出版家的独到眼力，就没有在一代人的记忆中留下深刻印记的周星驰系列电影，当然也不会有在大小屏幕上闪烁的《黑神话：悟空》。《黑神话：悟空》风靡全球，还将不断孳生繁衍，这就是文化的软实力。

中华文化丰富而多元。《中国符号》第一辑含括了节气、家训、民俗、诗词、楹联、瓷器、建筑、骈文、汉字、绘画，现在摆在我们面前的匾额、家具、剪纸、科举、乐器、神话、石窟、书法、书院、篆刻等，是"第二辑"。第二辑并非第一辑的简单补充，它们均是我们灿烂文化的一部分，都是中华文化最璀璨的亮点。从文化的表现形态看，如果我们把匾额、剪纸、书法、篆刻等理解为二维表达，石窟、家具就是三维，而音乐、神话、书院、科举则是多维或制度性的，它们弥散在文明的光阴中，将伴随着漫长的时光，与我们的文明一起走向世界，走向遥远的未来。

《中国符号》第二辑的出版令人欣慰。多位专家学者贡献了学识，付出了努力。它对弘扬中华文化，帮助读者尤其是青年学生了解中华优秀传统文化，必定有所助益。

是为序。

第一章 中国家具的发展脉络

壹

第二章　中国家具的材质

贰

第三章　中国家具的特征及文化基因

叁

第四章 中国家具的
文化价值和
世界地位

肆

第一章

中国家具的
发展脉络

家具作为家里的器具，不仅是日常生活的必需品，更是特定时代的物质文化产物。从古代到现代，家具的种类、材质、设计和功能都随着社会的发展和文化的变迁而发生变化。通过研究家具，我们可以窥见不同历史时期的社会风貌、审美趋势、思想情感以及生产力技术的进步和发展。

自文明之初，原始中国人的生活起居习惯应该和低矮的地面密切相关。最开始，人们可能是收集干燥的草茎和树叶作为铺垫物来保暖、防潮，获得相对舒适的环境。随着人们逐渐掌握缝纫、编织技术，开始缝皮制衣、结草成席，也就出现了最为原始的家具——席。席是中国人自远古一直使用至今的最古老家具，也是人们最熟悉的家具之一，它在中国"礼"文化中占有重要地位。在这一时期，先民们创造性地发明了榫卯技术，木构建筑和木制低矮家具随之出现，"家"的概念逐渐地成形，人们的起居习惯也随之发生了深刻的变化。席在此时成为生活的中心，人们开始在席的周边摆放各种陶器及生活用品，围绕着席生活。生活起居习俗确立后，生活礼仪逐渐地产生，"礼"文化也由此诞生。以席为中心的生活习俗在后来随着各种矮足、高足家具的出现逐渐地演变为古代中国，特别是中国北方，以床榻为核心的生活方式。席纹在文明之初也是重要的装饰纹样，在磁山文化、仰韶文化和红山文化大量陶器的表面都能看到席纹。

随后中国进入夏、商、两周时代，这时冶炼技术的发展使得金属器物、工具开始普及，家具的材质不再拘泥于植物，出现了大量青铜家具和石制家具。金属工具的使用还使得木作技术飞速发展，漆木家具无论是种类、数量还是质量都已经有了长足的进步。人们在这时遵循着最为古老的"踞坐"礼仪，家具的样式以低矮型家具为主。

秦代、汉代、两晋、南北朝时期，随着社会生产力的发展、社会分工的细化，制漆工艺和木作工艺都得到了发展，漆木家具成为社会主流。秦—西汉时期，低矮型家具已经发展完备，形成了系列家具。进入东汉以后，佛教随着丝绸之路传入中国并生根发芽，域外文化与中华文明有了交流与碰撞。人们的生活习俗开始逐渐发生变化，出现了由低矮型家具向高型家具演变的端倪，席地而坐逐渐转变成居坐床榻。家具的品种和样式在这时变得更加丰富，胡床、胡椅、矮椅子、矮方凳等家具逐渐地进入了人们的生活，域外家具和本土家具开始融合，榻和床的高度也逐渐地升高，人们的审美喜好也随着民族融合发生了变化。传统的漆木家具颜色以黑、红两色为主，主要的装饰纹样为云纹、神兽纹等。魏晋南北朝时期，莲花纹、卷草纹、火焰纹、狮子纹、璎珞纹、飞天纹等纹饰开始出现，并在后世逐渐地融入中华文明之中，成为中国传统纹样的一部分。

隋、唐时代，传统中国社会的发展进入繁荣的高峰期。人们生活中的家具种类繁多、样式丰富且工艺精湛，椅、凳、桌、几、案、箱、橱、床、架、屏风等我们熟知的中国古典家具基本都已出现，家具的材质也有了硬木和软木的区分。唐代社会手工业分工已经高度完善，可以生产几乎所有的传统工艺美术产品，各种工艺技术开始运用到家具的生产中，使得这一时期的家具以精美华丽著称。而大唐帝国开放的思想、繁荣的商业、庞大的疆域使得东西方交流频繁而密切，中国家具、中国文化开始了与域外文明的深度交流与融合。人们生活中的家具和习俗开始了变革，此时中国家具也开始了输出之旅，深刻地影响了中华文化圈里的其他国家。

宋代进入了中华文明的巅峰期，这一时期经济、文化繁荣，科学技术得到了长足的进步，手工业也进一步细化，人们的生活起居方式彻底地改变，中国家具进入了高坐垂足时代。宋代木作工艺的进一步发展，硬木资源的大量引进，使得这一时期的家具结构强度有了显著提高，装饰方式也发生了变化。家具的审美由唐代的奢华变成了素雅简洁，装饰方式也更多采用了线脚装饰，梁柱式框架结构最终替代了箱型壸门式结构。装饰与结构的结合，使得桌椅四足断面不仅有简单的方形和圆形，还出现了马蹄形等更多的样式。新的样式、新的材料、新的结构、新的装饰，中国家具此时呈现出一片欣欣向荣的面貌，为后来进入发展巅峰期的明式家具奠定了基础。

明代商品经济的发展，使得社会各阶层的交流频繁密切。文人士大夫的生活方式、人生态度、审美情趣也随之逐渐普及，影响到市民群体。社会各阶层对于营造"家环境"的需求远超前世。建筑和园林的大发展使得社会对于家具的需求更加多样化、系统化。家具出现了"成套"的概念，人们在园林、厅堂、书斋、卧室等不同的起居环境中根据不同的审美需求，进行合理的家具配置。家具作为"家环境"的重要营造元素，充分契合这一时期"文心匠气""崇尚简约，尽弃繁缛"的审美情趣，逐渐形成了自己独特的符合中式"礼"文化的式样，被称为"明式家具"。明式家具遵循"发乎性情，由乎自然"的原则，以体现材质的天然色泽和自然纹理著称，所选用的木材多为硬木，除大量使用中国本土的木材外，得益于明朝前期繁荣的海上贸易，东南亚、南亚大量珍贵的硬木被进口用作家具制作，有记录记载明代家具还曾使用过非洲的木材。随着经济的繁荣，手工业的长足发展，市民文化的兴盛，《天工开物》《园冶》《髹饰录》《鲁班经》《长物志》等和家具、园林相关的著作应运而生，家具文化逐渐成熟。明式家具最值得人们赞叹的除了明榫、半榫、格角榫、夹头榫等复杂的榫卯工艺，还有攒边、霸王枨、罗锅枨等多种结构与装饰结合的工艺形式。明式家具结构科学严谨，造型文雅简约，充分体现了中国传统的"中庸"哲学，是中国家具的最高峰，也是世界家具史上最为璀璨的明珠。

清代社会的封闭使得中国家具在各方面的创新与发展上缓慢、停滞。清前期主要延续了明朝家具的样式和特点，制作工艺精湛，材质以各种进口硬木为主。清中期随着社会经济的发展，进入了封建社会最后的繁荣期，家具的需求呈现出兴旺的局面。家具风格在此时由明代的简洁俊美转为奢华厚重，对于奢靡、富贵的追求使得清中期家具对高档名贵材料保持了极大的热情，常常用各种工艺技术将各种材料结合在一起以突显豪奢，这也成为清代家具的特色。这一阶段的中国家具的风格还受到外来文化和地域文化的影响，呈现出百花齐放的局面，在广州、苏州、北京等出现了家具生产中心，并发展出了具有各自特点的家具风格。到了清晚期，国力衰弱，家具的材质不再精良，家具的装饰也已经不再精美，传统中国家具繁华不再。

第一节　中国家具的起源

家具的产生和样式的确定主要取决于两方面：当时人们的

生活习俗和当时的生产力水平。中国家具的起源，我们可以追溯到原始社会。

一、编织技术——席的产生

李济先生在《跪坐蹲居与箕踞——殷墟石刻研究之一》一文中指出："蹲居与箕踞不但是夷人的习惯，可能也是夏人的习惯；而跪坐却是尚鬼的商朝统治阶级的起居法，并演习成了一种供奉祖先，祭祀神天，以及招待宾客的礼貌。周朝人商化后，加以光大，发扬成了'礼'的系统，而奠定三千年来中国'礼'教文化的基础。"原始人的生活方式、社会礼仪我们不得而知，只能通过现有的考古发现进行推测。原始先民的生活方式，大概是以低矮的地面为中心，以蹲居、箕踞的方式开始，逐渐有了跪坐的礼仪。以此为核心，产生出各种相关的坐卧家具。

生活方式的确定只是家具"席"产生的一方面因素，编织技术则是其产生的重要技术来源。根据考古发掘，我们知道中国的编织工艺有着久远的历史。早在周口店山顶洞人遗址中就有骨针的发现，这表明当时的原始先民已经掌握了缝制技术。在北辛遗址和兴隆洼遗址中，我们可以见到陶器的表面有竹或芦苇等编织物的印记，有人字纹、十字纹等，在裴李岗文化遗址中，还有粗麻布纹的压印陶片。不同遗迹中的陶器上都出现了编织物印记，说明编织技艺在当时的中华大地上已经有了广泛分布。

随着生活习俗和生产技术的确定，"席"应运而生，6000多年前的淮安黄岗遗址发现的一片25厘米见方的席子，材质可能是竹子或芦苇，因为时间久远已经炭化成黑色。到了距今4400年到4200年的浙江吴兴区钱山漾遗址中，我们已经可以看到非常成熟的竹席和篾[1]席的实物，同时出土的还有两百余件竹编器物，有篓、篮、箩等。这些原始先民制作的器物采用的编织工艺复杂多样，有一经一纬、二经二纬、多经多纬；纹样有人字形、十字形、菱花形、格子形等。这些竹编制品的出现充分说明这一时期的编织工艺已经非常成熟，人们在简单实用的基础上已经有了对美的需求，由此中国家具有了最初的文化特征和审美倾向。

二、建筑技术——榫卯的出现

中国自古就有大量关于"构木为巢"的传说和记载。

《礼记》中有："昔者先王未有宫室，冬则居营窟，夏则居橧巢。"

《韩非子·五蠹》中有："上古之世，人民少而禽兽众，人民不胜禽兽虫蛇，有圣人作，构木为巢，以避群害，而民悦之，使王天下，号曰'有巢氏'。"

《孟子》中有"当尧之时，水逆行，泛滥于中国，蛇龙居之，民无所定。下者为巢，上者为营窟"的记载。

原始社会受到气候、地理环境等因素的影响，防潮、避害成为早期中国先民生存中最早需要解决的问题。为了避免野兽的攻击，获得相对舒适的生活环境，先民们根据自身所处的环境因地制宜，选择了多种多样的居住方式，有穴居式、半地穴式、地面式、干栏式、窑洞式等，无论是哪种建造方式，远古先人们都或多或少地选择了木材作为最初的建筑材料。随着对建筑物可靠性要求的提高，建造技术逐渐发展，原始的榫卯结构由此出现。

在陕西西安半坡村村落遗址（距今 6800—6200 年）中有许

---

[1] 篾：竹子劈成的薄片，也可泛指苇子秆或高粱秆劈成的皮片。竹片或苇片经过刮光等工艺处理后可用作编织材料。

多浅穴居（半穴居）和地面木结构建筑相结合的建筑遗址，浅穴居室内地坪低于室外地坪 20 ～ 100 厘米，时代越晚，深度越浅，地面上有木柱支撑、草泥覆盖的屋顶以避风雨。室内地面的上升表明，此时的人类已经逐渐掌握木构建筑的技术，逐渐地由半穴居的生活演变为地面生活。

在浙江余姚河姆渡遗址（距今 7000—5000 年）的考古发掘中，我们可以看到大量的圆桩、方桩、板桩、梁、柱、地板等干栏式木构建筑构件，这是人类迄今发现的最早的木构建筑遗迹。"其中最有影响的是出土了上百件带榫卯的木构件，从形式看有桩头及桩脚榫、梁头榫、带销钉孔的榫、燕尾榫、平身柱卯眼、转角桩卯眼、直棂栏干卯眼等。"[1] 在没有掌握冶炼技术，获得金属工具的情况下，先民们利用最为原始的石制工具创造性地建造出榫卯木构建筑，不得不让人惊叹当时人们卓越的智慧。

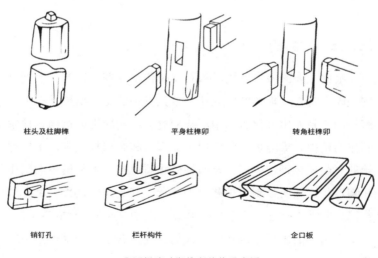

柱头及柱脚榫　　　　　平身柱榫卯　　　　　转角柱榫卯

销钉孔　　　　　　栏杆构件　　　　　企口板

●河姆渡时期榫卯结构示意图

[1] 齐英杰，杨春梅，赵越，等 . 中国古代木结构建筑发展概况——原始社会时期中国木结构建筑的发展概况 [J]. 林业机械与木工设备，2011, 39（9）：18-20.

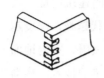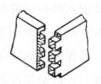

●明榫燕尾榫、半隐燕尾榫、全隐燕尾榫

新石器时代晚期干栏式建筑的出现，榫卯结构的成熟，为中国传统木构家具的出现奠定了坚实的技术基础。

●干栏式建筑、半地穴式建筑

三、漆木家具的出现

根据今天的考古发掘，新石器时代中晚期已经有了木制器物。因为考古发现的特殊规律，首先发现的是木棺椁。在山东潍坊西朱封龙山文化古墓中，我们可以看到应用板材结合技术制作的棺椁。板与板之间使用了穿榫法和企口板技术，木椁边箱的表层还分别留有红、黄两种矿物质色彩。木制棺椁的制作和陶器相比，明显制作工艺更为复杂。其制作的过程和家具制作已经非常的接近，都需要平整木材、开孔、制榫、镶嵌等工艺。因此木棺椁的出现也意味着先人们已经具备了生产制作木制家具的能力。

同样是龙山文化墓葬，在山西襄汾陶寺遗址中就出土了大量的木器，有鼓、圈足盘、长方平盘、斗、豆、俎、匣等。其中最值得一提的是一件彩绘木俎（案），它长 90 ～ 120 厘米，宽 25 ～ 40 厘米，高 10 ～ 18 厘米。案下三面有木支架，通涂红彩。这是中国目前已知的最早的木制家具。

木棺椁和木制家具都采用了木作工艺和髹漆工艺相结合的方式，表明在这一时期已经有了明确的社会分工，漆木制家具的生产已经有了完整的生产体系。

先民们用简陋的工具制造出的席子、木豆、木案、木匣、木俎等家具，标志着原始社会定居的生活方式已经得到了确立，人们已经有了家的概念，有了家具的需求。这些原始而简朴的家具，不仅提高了当时人们的居住舒适度，其展现出的榫卯技术、编织技术和髹漆技术也成为中国后世家具制作的坚实基础，为我们开启了中国家具的篇章，揭开了低矮家具浪漫的序幕。

●最古老的木案

第二节　先秦时期的家具

一、甲骨文中的家具

甲骨文是商王朝在占卜和祭祀的时候刻画在龟甲和兽骨上的文字。作为中国最早成系统的文字，甲骨文主要以会意和象形的方式出现，很多文字其实就是一幅生动的画面。在河南安阳殷墟出土的甲骨文中有很多和家具相关的文字，不仅为我们揭示了中国文字的造字本意及过程，也为我们展现了当时家具的面貌。这些文字非常有趣，和我们今天使用的家具依旧非常的相像。例如甲骨文中的"席"字其实就是席纹，和今天竹席的席纹基本无差。而"宿"字可以直观且清楚地理解为人在席上休息。

席　　宿　　床　　疾
● 甲骨文

床作为自古家中必不可少的家具，在甲骨文中的写法基本就是一个简笔画的床，和我们今天使用的床也没有太大的差别。直到今天，我们依旧能在汉字中看到甲骨文"床"字的写法，如在"寐"字中我们就能看到它的样子。和"床"相关的甲骨文还有很多，它们都非常生动形象，如"疾"字，就是一个正在流汗的人躺在床上。这个生病的人，后来演变成了今天的病字头"疒（chuáng）"。

● 甲骨文"疾"

二、青铜文化

中国的青铜器起源同样可以追溯到新石器时代，在距今7000—6000年的陕西临潼姜寨的房基遗址中就有非常珍贵的铜片出土。随后在甘肃蒋家坪遗址、河北唐山大城山遗址、山东胶州三里河遗址中都有多件铜刀、铜片和铜锥等青铜器物的发现，说明在新石器时代晚期，中国古代先民对于金属铜已经有了相当的认识，具备了利用金属铜来制造各种器物的能力。

公元前21世纪，随着夏朝的建立，中国进入了奴隶社会，青铜器也正式登上了历史舞台，夏代青铜铸造技术已经发展到了一定的高度，青铜器物也得到了一定程度的普及。河南偃师二里头夏代王都遗址中就有专门的冶铜遗迹，还出土了200多件青铜遗物（以工具居多，包括锥、凿、刀、镞、锛等）。

公元前16世纪，中国进入了商王朝时期。商朝的统治疆域：东到海滨，西到陕西，南到湖北，北到辽宁。作为一个强大的国家，商朝的手工业已经有了相当的规模，在安阳殷墟和郑州二里岗的考古发掘中，我们可以看到商代的各种专门的手工作坊遗址，包括冶铜、烧陶、制玉、制骨等遗址。商代的青铜器在人类文明史上有着举足轻重的地位，商朝的青铜器铸造规模宏大，种类丰富，涵盖了祭祀、军事、生产、生活等社会的方方面面。青铜器造型浑厚凝重，纹饰具有浓厚的神秘感和威严感，

反映了当时社会对于权力和鬼神的崇尚。常见的纹饰有饕餮纹、
夔龙纹、回纹、各种兽类纹等。商朝中期青铜器开始出现铭文，
铭文的出现，对于了解商朝的历史具有非常重要的价值。商代
工匠对于青铜特性的掌握已经相当熟练，铅、锡、铜已经有了
相对合理的配比，并且已经发展出了包括分铸、焊接、镶嵌等
的先进工艺。

　　公元前 11 世纪，周王朝建立，定都丰京和镐京（今陕西西
安，合称"丰镐"）。中国进入了奴隶社会的鼎盛时期。西周时
期的手工业种类繁多、分类齐全，已经有了很高的专业化程度。
据《周礼·考工记》记载，周代的手工业可以分为六种工艺，
有三十个工种。其中有关于攻金之工（金工）的记载："筑氏执
下齐，冶氏执上齐，凫氏为声，栗氏为量，段氏为镈器，桃氏
为刃。金有六齐：六分其金而锡居一，谓之钟鼎之齐；五分其
金而锡居一，谓之斧斤之齐；四分其金而锡居一，谓之戈戟之齐；
三分其金而锡居一，谓之大刃之齐；五分其金而锡居二，谓之
削杀矢之齐；金、锡半，谓之鉴燧之齐。"可见六种金工分别负
责不同的青铜器物的生产，当时的青铜制造业已经有了高度的
专业化分工。"金有六齐"的记述，则详细说明了青铜器物中关
于铜、锡的不同配比与器物特性之间的关系，体现出了对材料
性质和器物使用特性的精准把握。说明青铜器的制作已经非常
科学严谨、严格规范。

　　西周青铜器在前期基本继承了商代的风格，到成康之后，
西周青铜器逐渐形成了自己的风格特点。西周青铜器较为典型
的纹饰有窃曲纹、鸟纹、环带纹、重环纹、垂鳞纹、瓦纹等，
主要以二方连续的方式出现。西周社会最大的特点是强调礼制，
提出了"德"的概念。礼所强调的等级与秩序，深刻地影响到
这一时期的各种器物，使之反映出强烈的等级差异。西周时期

的青铜器总体呈现出质朴洗练、疏朗畅达、富有韵律感和节奏美的艺术特点。

公元前 8 世纪，周平王东迁洛邑（今河南洛阳），后世为区别于西周，称之为东周。东周前半期，诸侯争霸，称为"春秋时代"；东周后半期，周天子名存实亡，各诸侯相互征伐，称为"战国时代"。

春秋战国时期奴隶制逐渐地衰落瓦解，封建制逐渐地建立。诸侯国的崛起使得社会、经济、生产力得到快速发展的同时，争霸与兼并的战争也从未间断。剧烈的社会动荡使得礼制崩坏，商代、西周所建立的青铜器等级观念被逐渐地打破，原本仅限于贵族阶层的青铜器，逐渐普及到平民阶层，成为日常生活中常见的器具。随着生产力水平的提高，青铜器的使用范围得到了扩大，使用功能也更加多样化，除了作为礼器和兵器，在贵族的生活中还出现了"钟鸣鼎食"所描述的击钟列鼎而食的豪华排场。

社会文化的变迁和生产力的发展使得春秋时期的学术领域出现了百家争鸣的局面，社会思潮和文化艺术的空前繁荣体现在器物之中，造就了各诸侯国器物风格的多样化，从而形成了楚国的器物浪漫劲健、秦国的器物淳朴厚重、燕国的器物古朴、赵国的器物浑厚、郑国的器物精巧、韩国的器物优雅的局面。

青铜制作工艺历经了约两千年的发展，到了春秋战国时期已经发展得非常完善，制作规模和水平都达到了历史的最高点，很多精美的青铜器物，即使运用现代科技，也极难复制。完备先进的青铜制造体系，使得很多先秦时期的家具都采用青铜制作。这也使得中国家具有了一个特殊的门类——"金属家具"，这类家具具有厚重威严的独特艺术价值和非凡的历史意义，是中国家具在起源时期的重要代表。

三、青铜器制作工艺

青铜器的制作需要经过几个必要的步骤，首先是炼矿，其次制范，然后熔铸，最后焊接打磨。在《荀子》中有这样的记载："刑范正，金锡美，工冶巧，火齐得，剖刑而莫邪已。"可见当时的青铜器物制作对于铸范、原料、工艺、温度，都有很高的要求。先秦时代比较典型的青铜器制作工艺有陶范分铸、失蜡铸造、焊接、刻画、金银错（又称错金银）、镶嵌等。

陶范分铸：也可以称为"泥模法"。先用泥土制作器物的基本样子，如果器物表面有装饰纹样，在基本型做好后，将纹样刻于泥模器物的表面，然后将泥模进行烘干。随后是制作外范，将细泥制作的泥片附于烘干泥模的表面，拓印出花纹，泥片的多少取决于器形和花纹的复杂程度。在外范的中心制作一个内范，用支钉或子母榫将外范和内范固定，外范和内范之间的距离就是器物的厚度。外范外面用厚泥和绳子制作一个更加坚固的泥胎，确保在浇筑铜液的时候不会炸开。接下来是浇筑铜液，等铜液冷却后，敲碎泥胎，就可以获得器物，最后打磨器物获得成品。

失蜡铸造：失蜡法是我国金属制作史上非常伟大的发明，它的出现使得人们可以制作更加复杂的金属器物。今天，许多工业零件和珠宝的加工依然需要广泛使用失蜡法。失蜡法和泥模法类似，都需要制模，只是泥模变为蜡模。蜡模做好后无须分块，只需要用泥、沙等耐火材料填充蜡模的内外并加以固定。随后对做好的模具进行加热烘烤，蜡液会沿着事先预留的孔隙流出，在获得空壳后，便可浇筑铜液，以获得需要铸造的器物。失蜡法铸造的器物表面光滑、花纹精美清晰、层次丰富。有了失蜡法之后，镂空效果的器物制作不再是难事，更多具有复杂空间立体效果的器物也能制作，如湖北随州曾侯乙墓出土的青铜尊盘。

焊接：青铜器物的主体和零部件分开铸造好之后，通过热熔局部的方式将两者进行组装。焊接工艺的使用让青铜器物的造型和装饰变得更加丰富。

刻画：随着金属冶炼工艺的发展，到战国时期，中国出现了铁器。铁器的硬度大于青铜器，因而可以在铜器的表面进行精细的刻画。这一时期非常有名的刻纹青铜器有北京故宫博物院收藏的宴乐渔猎攻战纹图壶、上海博物馆收藏的刻纹铜杯等，这些器物表面的纹饰细如发丝，线条流畅，极具装饰性。

金银错：将金银线或金银片镶嵌在青铜器表面的工艺。它的工艺主要有四个步骤：

1. 制作母范预刻凹槽。在器物铸造的时候预留出凹槽。

2. 錾槽。錾槽有两种：一种是对预留出的凹槽进行打磨细加工，另一种是在器物的表面绘制纹样，然后加工凿刻出凹槽，在古代这种技艺被叫作刻镂，也叫作镂金。

3. 镶嵌[1]。将金银线或金银片通过挤压镶嵌在凹槽内。到了汉代主要采用涂抹法，即先制作金泥，再将金泥涂抹在凹槽内，利用液体的延展性填满凹槽。

4. 磨错。《诗经·小雅·鹤鸣》中有"它山之石，可以为错"的记载，厝石为细砂石。经过厝石打磨的金银错器物表面光洁，金银与青铜的不同光泽相互辉映，图案与铭文显得格外华美典雅。

---

[1] 镶嵌：将松石、红铜、金、银镶嵌在青铜器表面的工艺，通过材料颜色、质感的对比，从而获得更好的艺术效果。

四、先秦时期的家具

先秦时期的家具主要包括席、俎、禁、几、案、床和扆（yǐ）等，此外还有灯具、乐器等陈设类家具。先秦家具早期主要以青铜家具为主，到了春秋战国时期，漆木家具的数量大量增加，逐渐地成为家具的主流。

席

商周时期人们的生活习俗是跽、踞。这种以地面为中心的生活方式，使得席理所当然成为人们生活里最常用的起居物品。随着社会等级制度的逐渐确立，席除基本的使用功能外，也逐渐地成为身份等级和社会礼制的象征。

周朝严格的礼乐制度对席的材质、形制、颜色、纹样，在不同的场合对应不同的身份有着明确的规定。据《周礼·春官》记载："司几筵掌五几、五席之名物，辨其用与其位。"这里的"五席"指的是莞席、蒲席、藻（缫 sāo）席、熊席、次席。

莞席：莞草编织的席，质地较为粗糙。

蒲 [1] 席：蒲草编织的席。

藻席：蒲草染色后编织的具有花纹的席。

熊席：熊皮制成的席。

次席：1. 认为是桃竹枝编织的席；2. 认为是虎皮制成的席。

至于席的铺设方法和入席的礼仪，可谓非常烦冗。

《周礼·春官》中记载："凡敷席之法，初在地者一重即为之筵，重在上者即谓之席。""凡大朝觐、大飨射，凡封国、命诸侯，王位设黼依，依前南乡，设莞筵、纷纯，加缫席、画纯，加次席、黼纯。左右玉几，祀先王昨席，亦如之。"《礼记·曲礼》："毋践履，毋踖席。"《礼记·礼器》："天子之席五重，诸侯之席

---

[1] 蒲：《说文解字》载，"蒲，水草也，可以制席"。

三重，大夫再重。"

先秦时期人们在招待宾客时都需要敷席，而敷席的第一步就是铺设大筵[1]，大筵之上设置小席。入席者的身份等级、地位高低通过小席的层数、样式、摆放的位子顺序、大小方向来区分。入席时需要注意的礼仪：最基础的是在入大筵时应脱靴，注意不要踩到其他人的靴子，在入小席的时候需要注意不要踏在席上。

《礼记·曲礼》中还有对两席间距离的记载："若非饮食之客，则布席，席间函丈。"小席之间间隔一丈（周朝时期的一丈约为2.3米），这个距离对话比较合适，如果是酒宴似乎有点远，而且建筑空间似乎也不太允许。先秦时期家具竹席的实物在四川成都和河南信阳都有出土，经历了2500多年的岁月保存依然十分完好，花纹非常清晰，和今天我们使用的竹席没有太大差别。

今天，很多我们早已习以为常的关于席的习惯用语，都来源于先秦时期《周礼》《礼记》中对于筵、席使用的详细记述和规定的礼仪，例如吃席、入席、开席、上席等。可见中国家具和中国礼仪，自二者出现就已经深深地结合在了一起，成为制定社会秩序的重要基石。

俎

俎是商周时期用于祭祀或设宴时的礼器。在《说文解字》中，"俎，礼俎也，从半肉在且上"。俎也是用于切肉的砧板，《史记》中有"人为刀俎，我为鱼肉"的说法。它的形制丰富、材质多样，称呼随时代变化而有不同。有虞氏时期称为梡俎，夏代称为嶡俎，商代称为棋俎，到了周代称为房俎。它也是案、几、桌等家具的雏形。今天考古发现的商周时期的俎，主要是青铜俎和石俎，

---

[1] 大筵：可能是莞草或蒲草编织的席。

木俎相对较少，这种现象极有可能是木制器物保存不易造成的。最早的木俎出现在山西襄汾陶寺遗址。

俎在商周时期是贵族生活中最为常见的家具之一，是宴席和居家的必备之物。《礼记·乐记》中写道："铺筵席，陈尊俎，列笾（biān）豆，以升降为礼者，礼之末节也，故有司掌之。"《周礼·天官·膳夫》中也有："王日一举，鼎十有二，物皆有俎，以乐侑食。"周天子一顿饭需要使用十二个俎，所有的物品都是放在俎上，也可见其使用的频繁和普遍。

俎的早期形态比较的质朴敦实，越往后表面的纹饰越精美，春秋时期出现了表面镂空的俎。到战国时期，随着技术工艺的提高，出现了俎面完全镂空，且通体布满纹饰的俎，非常的奢华精美。商周时期人们的生活习惯是跽、踞，所以先秦时期的俎的高度并不是很高，更像今天的小板凳。

先秦时期最具代表性的俎有：

1. 河南安阳大司空村商墓出土的石俎：长 228 毫米，宽 134 毫米，高 120 毫米，俎面有挡水线，俎身两面有浅浮雕饕餮纹装饰。

2. 辽宁义县商周窖藏出土的铜俎：长 335 毫米，宽 178 毫米，高 145 毫米，俎面斜侈，俎足为立板式结构，中为壶门装饰，俎下腹悬挂两枚铜铃，俎身以饕餮纹和云雷纹装饰。

3. 西周青铜蝉纹俎：俎面呈长方形，两端翘起，中部微凹，两端有立板式俎足，俎足外立面铸兽面纹装饰。

4. 王子臣俎：高 22 厘米，长 30 厘米，宽 15.5 厘米。

5. 春秋（公元前 770 年—前 476 年）楚镂空龙纹青铜俎。

●青铜蝉纹俎

●青铜蝉纹俎底部

禁

椸、禁是产生于西周早期的祭祀用家具，用于放置酒具和食器。《仪礼·士冠礼》中记载："尊于房户之间，两甒[1] 有禁。"东汉郑玄注："禁，承尊之器也，名之为禁者，因为酒戒也。"一般认为椸、禁是为了提醒人们禁酒而产生的器物，周代确实颁布了中国最早的禁酒令《酒诰》。

《礼记·礼器》中载有："天子、诸侯之尊废禁，大夫、士椸禁，此以下为尊也。"郑玄注："椸，斯禁也。谓之椸者，无足，有似于椸，或因名云耳。大夫用斯禁，士用椸禁。如今方案，隋（椭）长局足，高三寸。"目前我们看到的禁，材质多为青铜，形制为有足和无足两种，根据郑玄的解释，有足的是禁，是大夫的礼器，无足的是椸，是士的礼器。

今天我们能看到的椸、禁并不多，比较精彩的有三件，分别是：

1. 1926 年宝鸡出土的西周初年青铜夔龙纹禁，现藏于天津博物馆，是目前出土的最大的禁，器身长 1260 毫米，宽 466 毫米，高 230 毫米，呈扁平立体长方形，前后壁各有 16 个长方形孔，左右各四孔。

2. 1901 年宝鸡出土的西周早期青铜禁，现藏于美国大都会艺术博物馆，器身长 899 毫米，宽 464 毫米，高 181 毫米。前后各八孔，左右各二孔。

3. 1978 年于河南淅川县下寺春秋楚墓出土的春秋中期云纹铜禁，现藏于河南博物院，器身长 1030 毫米，宽 460 毫米，高 288 毫米。2002 年被国家文物局列为首批 64 件禁止出国（境）展览文物之一。春秋云纹铜禁采用失蜡法铸就，铜禁由禁体、

---

[1] 甒（wǔ）：古代盛酒的有盖的瓦器，口小，腹大，底小。

12 条龙形附兽、12 条龙形座兽三部分组成,构思奇特、工艺精湛。铜禁禁体满饰透雕多层云纹,在云纹的下面,由数层粗细不同的铜梗组成错综复杂而又玲珑剔透的花纹。禁体四方 12 条龙形附兽昂首鼓腹翘尾;头顶的冠饰与两旁的角饰也都采用浮雕透孔云纹;兽首面对禁面张嘴吐舌,舌头翻卷至禁面上边,其状像是眼睛在盯着禁上的美酒,垂涎欲滴。禁底有 12 个龙形兽挺胸凹腰支撑禁身。

几、案

几是商周时期出现的一种凭具,由俎演变而来。几的造型大致为中间为几面,两端支撑,而俎的造型基本为四足。几作为奴隶社会等级制度的产物,它的材质与使用者的身份以及使用场合相对应。《周礼•春官》中记载的五几指的是玉几、雕几、彤几、漆几、素几。

先秦时期最具代表性的几有:

1. 战国早期云纹卷耳几。

2. 曾侯乙漆几。

3. 战国镶玉几。

4. 长沙战国楚墓彩绘凭几(长 580 毫米、宽 93 毫米、高 366 毫米)。

案的器形与俎类似,只是案面相较于俎面更大,也是主要的承具。在后世家具的演变过程中,俎逐渐地消失,而俎的祭祀功能和承具功能被案所取代。

先秦时期最具代表性的案有:

1. 云南腾冲春秋青铜案。由案面和案脚两部分组成,案面两端宽,中间略窄,四角上翘呈弧形,案脚由两个对称的山字形支架连接组成。

2. 1977 年在河北平山战国中山王墓出土的错金银龙凤鹿方

案，高 37.4 厘米，长宽均为 48 厘米。此案设计巧妙、结构复杂，整体规模宏大、气势磅礴，是战国时期高超金属工艺水平的杰出代表。这件作品不仅体现了古代工匠们的精湛技艺和非凡创造力，还深刻反映了当时的文化、审美和宗教信仰。

方案案座呈圆形，器足四方装饰四只昂首挺胸的卧鹿。圈足上是四条有翼的飞龙，龙体盘曲向上，每一龙头上顶一斗拱形饰件，上面架设方案的边框。每一龙体的交连空隙处，又有一展翅的凤鸟。方案通体采用错金银工艺，具有华丽和贵重的视觉效果。方案案面可能是漆木制品，已经腐烂无存。

在艺术上，整个作品生动、立体，充满了艺术感染力。鹿的形象驯良，龙的姿态雄健，凤的形态生动，富有生命力。三者均是中国传统文化中吉祥的象征，代表着权力和尊贵。这三种动物图案的组合，不仅展示了战国时期人们对于美好生活的向往和追求，也反映了当时社会对于权力、尊贵与和谐共处的价值观。

床

床是我国最为古老和重要的家具之一，在其基础上演变出了榻、炕等家具。床类家具承载着丰富的文化和历史底蕴，历朝历代与其相关的佳话数不胜数、精彩纷呈。我国目前发现的最早、保存最完整的床是河南信阳长台关和湖北荆门战国墓葬出土的两张大床。

两张大床的造型基本相同，大小接近今天的双人床。床的高度约 400 毫米，床的四周用木条拼出一圈围栏，中间留出半米多的宽度，便于上下床。其中一张床采用了组合式设计（由两张相同形制的床组合而成），单独看单一部件更接近后世的榻。

扆（yǐ）

扆即屏风，又称为"依"或"邸"。《礼记·曲礼》中记载：

"天子当依而立，诸侯北面而见天子，曰觐。"孔颖达疏："依状如屏风，以绛为质，高八尺，东西当户牖之间，绣为斧文，亦曰斧依。"扆（屏风）一开始是等级很高的家具，上面绘有斧形图案，立于天子身后，是彰显其身份与地位的礼仪用具，是权力的象征。《仪礼·觐礼》中有记载："天子设斧依于户牖[1]之间。"《周礼·春官·司几筵》中也有："凡大朝觐、大飨射，凡封国、命诸侯，王位设黼[2]依……"

到了战国时期，随着礼制的崩坏，扆（屏风）不再是天子的专属，有了更多的样式，出现了座屏等小型的屏类家具，称呼也变为屏。它兼具实用性和装饰性，后世演变出了许多不同形制和装饰方式的屏风。屏风是传统家具中最为重要的装饰类陈设，深得人们的喜爱，和它相关的诗词和故事也非常多。

先秦时期最具代表性的座屏有：

1. 木雕兽蟒座屏，1992 年出土于老河口安岗 1 号墓，藏于老河口市博物馆。

2. 彩绘木雕小座屏，1965 年出土于江陵沙冢 1 号墓，藏于湖北省博物馆，长 518 毫米，宽 30 毫米，高 150 毫米，底座宽 120 毫米。

其他陈设家具

在电灯发明之前，夜晚的照明一直是一件非常困难的事，为了获得更好的照明效果，古代的达官贵人往往把灯具做成树状，以灯组的方式出现，这样大型灯具在提供照明的同时，自身也成为主要的室内陈设，中国现存最早关于灯的记载出自《楚

---

[1] 户牖（yǒu）：门窗、门户。

[2] 黼（fǔ）：《周礼·注疏》说"黑白为黼"。《说文解字》："白与黑相次文。"形声字，从黹甫声。黹（zhǐ），象缝处纵横交错之形，表示缝衣或刺绣。本义：古代礼服上绣的半黑半白的花纹。《汉书·贾谊传》："美者黼绣，是古天子之服。"

辞·招魂》"兰膏明烛，华镫错些"的记录，这里的"镫"和"登"通用，就是指代的灯具。汉代《尔雅·释器》载："木豆谓之豆，竹豆谓之笾，瓦豆谓之登。"徐铉曰：今俗别作灯，非是，晋郭璞云：礼器也。

先秦时期比较有代表性的灯具：

1977 年在河北省平山县三汲村出土的中山国十五连盏铜灯。该灯高 82.9 厘米，是目前出土的战国时期最高的青铜灯具，是战国时期中山国国王"错"的陪葬品。灯具整体造型犹如一棵大树，器物底座为镂空夔龙纹造型，由三只独首双身、口衔圆环的猛虎托起。其上是高低有序、错落有致的七层支架，造型如同一棵大树，每层支架均可拆卸，支架顶端均托一盏灯。主支架的上方塑有游动的夔龙，第一、二、三、六层支架上各有 2 只嬉戏的猴子，共 8 只，其中第三层上的两只猴子单臂悬挂在支架上，似乎在讨要食物。在第四层支架上有两只鸟在鸣叫。树下站立两人，似乎正向树上抛食戏猴。十五连盏铜灯设计精致，制作工艺精湛。无论动物还是人物，造型都生动自然，妙趣横生。

第三节　秦、汉时期的家具

公元前 221 年秦始皇统一六国，建立了中央集权的封建国家。为了巩固统治，秦朝统一了法令、货币、度量衡及文字。连通了举世瞩目的万里长城，修建了秦直道，修筑了巨大的宫殿和陵墓。今天博物馆里的秦砖以及陶制的管网，依旧可以让我们感受到秦代工程技术水平的发达；而秦始皇陵兵马俑恢宏磅礴的气势，不仅彰显了秦朝军力的强大，更能使我们深切感受到古代现实主义艺术作品的魅力。但由于秦朝二世而亡，统治的时间很短，所以并没有为我们留下太多的艺术遗存。

公元前 202 年中国进入汉朝。汉朝分为两个时期，公元前 202—8 年称为"西汉"，公元 25—220 年称为"东汉"。

一、汉代的社会面貌

汉朝的建立，使社会进入了一个相对稳定的时代。随着统治者推行黄老学说，采取休养生息的政策，社会经济得到了快速的恢复和发展，手工业也变得蓬勃兴旺。西汉手工业包括官营和私营两部分，官营手工业规模庞大，从业者众多，主要服务于统治阶级和贵族。私营手工业则更加灵活，以小作坊为主。西汉还在中央和地方都设立了专门的手工业管理机构，有专门的官员对生产进行管理。手工业的繁荣使得西汉时期手工业门类齐全，技艺精湛，各种器物的样式、数量都远远超过先秦时代。汉代手工业主要包括矿冶、木工、皮革、制陶、漆器、玉石器、煮盐、冶铁、铸钱等十几个部门，这些手工业部门之间相互影响、共同发展，推动了汉代社会经济的发展，也使得汉代的帛画、墓室壁画、画像石、画像砖上出现了大量人们劳作、生活的场面，真实地反映出了当时的社会生活面貌，其中自然不乏家具以及室内陈设的造型，这也使我们对于汉代家具的了解，可以不再只局限在实物家具，而有了更多的途径。

汉代依旧延续着席地而坐的习俗，但和先秦时期相比，与此习俗相关的低矮家具，在数量、质量和样式各方面都远超过往，中国的低矮家具在这个时期进入了最为辉煌的时代。汉代，金属制造工艺仍然在快速发展，随着冶铁技术的普及，铁器在军事、生产、生活等很多方面取代了青铜器，青铜时代就此宣告结束。但青铜制品并没有完全退出历史舞台，青铜工艺在汉代主要用于生产一部分日用器皿，除鼎、壶等传统的产品，盘、洗、熨斗、灯、炉、铜镜都是这时流行的产品 [1]。而在先秦时期精彩绝艳的青铜家具则基本被漆木家具所取代，这个时期也是中国漆木家具最为辉煌的时期。漆木家具的盛行使得汉朝对木材的需求量变得非常庞大，汉代因此设立了专门的官员负责进行木材的选材和运输。《汉书·地理志》中就有载："严道，有木官。"严道是今天的四川雅安荥经县，大量的木材在被砍伐后运往各地制作成各类器物，成为人们最主要的生活用品。这一时期在中华大地上，木材制品已经被广泛地使用且种类繁多，涉及生活的方方面面。在广州龙生岗东汉墓出土有木俑、木狗、木梳、木瑟、木船等多种物品；新疆罗布淖尔汉墓曾出土木俎、木杯、木栉 [2]、木簪、木匕等器物。

二、汉代墓葬壁画、画像石、画像砖中的家具

汉代厚葬之风盛行，汉墓的陪葬品非常丰富，墓室壁画、画像石、画像砖几乎遍及每一座汉墓。画像石是用于构筑墓室、石棺、石阙的建筑石材，最早出现在西汉武帝时期。画像砖最早出现在战国时期，两汉时期非常盛行。画像砖与画像石本身都是建筑材料，劳动人民将各种画面刻画其上使其成为两汉时期重要的建筑装饰构件。其表现的内容非常丰富，题材可以是墓主人生前的生活场景，如车马出行、讲经访学、宴饮作乐等，也有虎吃女魃、伏羲女娲、四大神兽等各种神话传说题材，另外还有大量表现农耕渔猎、集市贸易等各种社会生产生活的画面。此外，汉代人们还有将以上画面画在墓室墙壁上的习惯，也就是墓室壁画。

---

[1] 相关内容源自田自秉《中国工艺美术史》。

[2] 木栉（zhì）：梳子和篦子的总称。

　　通过墓室壁画、画像石、画像砖，我们可以大致了解到这时期人们的生活状态和精神面貌，看到他们当时使用家具的方式和家具的样式。汉代以踞、踖等习俗产生出的低矮家具已经有了非常齐全的门类，根据现有的实物和图像资料，我们可以将汉代家具按使用功能进行分类：

　　坐卧类家具：床、榻、独坐板（枰）、席。

　　承载类家具：俎、几、案。

　　储藏类家具：箱、柜、大橱柜。

　　屏蔽类家具：屏风。

　　支架类家具：衣架、镜架。

　　金属陈设类家具：灯具、盒等。

　　此外还出现了例如榻屏这种组合式的家具。这些家具，我们不仅能在画像砖上看到，也有实物出土。本书主要介绍坐卧类、承载类及金属陈设类家具。

　　（一）坐卧类家具：榻、枰、床、席

　　关于枰、榻、床，汉朝人有自己的分类标准。东汉刘熙在《释名·释床帐》卷六中写道："人所坐卧曰床。床，装也，所以自装载也。长狭而卑曰榻，言其榻然近地也。小者曰独坐，主人无二，独所坐也。"服虔在《通俗文》中是这样记载三者的尺寸的："床三尺五曰榻，板独坐曰枰，八尺曰床。"汉代一尺约为 23.4 厘米，换算成今天的大小：床的尺寸约为 187.2 厘米，榻的尺寸约为 81.9 厘米。床的尺寸和今天的接近，榻只能勉强坐两人（如将其看作最小尺寸则比较合理）。枰如果按照今天单人椅子的尺寸推算，应该不小于 50 厘米。

　　榻

　　汉代在"席坐"的同时，发展出了一种新的生活习惯——"坐榻"，由此也出现了新的家具榻，开启了中国家具新的篇章。《释名·释床帐》中说道："长狭而卑曰榻，言其榻然近地也。"榻和床相比，高度更矮，宽度更窄一些，仍有一定的长度但不及床。1958 年，河南郸城出土了一件西汉石榻，长 87.5 厘米、宽 72 厘米、高 19 厘米，青色石灰岩材质。此榻造型新颖简练，足截面和榻面均为矩形，榻面上刻有"汉故博士常山大（太）傅王君坐榻"隶书一行。这不仅是一件罕见的西汉坐榻实物，而且更有迄今所见最早的一个"榻"字。

汉榻一般较小，多是一人使用，也有多人使用的榻。四川成都青杠坡出土的画像砖《讲学图》中，老师盘腿端坐于教坛上，学生依次踞坐（跪坐）在两旁。根据教坛和人物之间的关系分析，这个榻的长度应该在 120 厘米左右，完全能满足两人合坐。东汉以后，更多的是供两人对坐的合榻，还有三人、五人合坐的连榻。

枰

三国魏人张揖在《埤苍》里是这么描述枰的："枰，榻也，谓独坐板床也。"

1952 年在河北省望都县发掘的望都一号汉墓，为东汉晚期墓葬，墓葬壁画里就有独坐板（枰）的画面。

床

汉代时期床已经是很普遍的家具，和先秦时期相比，汉代的床尺寸有所增大，以适应不同的使用需求和生活习惯的变化。在北京大葆台一号汉墓就出土了 2 件漆木大床。一件是云纹漆床，长 273.5 厘米、宽 207.5 厘米。另一件是"黄熊桄（神）"漆床 [1]，长 300 厘米、宽 220 厘米，是目前发现的尺寸最大的汉

---

[1] 出土于前室北端外椁门前东侧，已残，床面施黑漆，周边饰朱色双线纹，其上朱漆隶书"黄熊桄（神）"四字。

代漆木大床。这个尺寸的床，放在今天也是罕见的。

席

席是汉代人们生活中最为常见的家具，上到达官显贵，下到平民百姓，对席的使用都非常的普遍，这一时期席的种类和样式变得更加的多样，除了传统的五席，还有蔺席等。汉代许慎《说文解字》中有"蒲蒻可以为荐，蔺草可以为席"的记载。在《范子计然书》中还有对蒲席、蔺席价格的详细记载："六尺蔺席出河东，上价七十；蒲席出三辅，上价百。"这一时期席的制作也非常的精良，长沙马王堆汉墓还出土了完整的莞席。除了传统的经纬编织，在外部还有锦缘包饰。

在汉代的画像砖中，我们经常能看到两人或多人同坐一席的画面，两人或多人同坐，关系肯定比较亲近，如夫妻、挚友等等。四川省大邑县出土的东汉画像砖《丸剑宴舞图》《宴饮图》中参加宴会的嘉宾都是两两一起跪坐在席上。

当关系不好、出现矛盾的时候，割席就成为代名词。后世《世说新语·德行》中就有管宁和华歆割席断交的故事。

（二）承载类家具：俎、案、几

俎

司马迁在《史记·项羽本纪》中有"人为刀俎，我为鱼肉"的记载。俎在汉代仍在使用，只是和案的界定已不再非常明显。在四川彭州义和征集的东汉画像砖《庖厨图》中，两个厨师跪在地上，两手分别拿着小刀和骨头，身前摆放的是一个巨大的载台，看上去正在剔骨，根据功能判断，载台应该是俎。但其样式已经和前代的俎有了明显的区别，更符合我们对案的理解。

案

案在西汉已经有了按照使用功能划分的详细分类，有书案、大型食案、中小型食案等类别。《东观汉记》中有这样的记载：
"更始韩夫人嗜酒，每侍饮，见常侍奏事，辄怒曰：'帝方对我饮，
正用此时持事来乎？'起，抵破其案。"这儿的"案"被后世认
为就是书案，放置在床榻前面，较食案更大一些。

　　汉代的食案有大有小，根据不同的场景使用不同的食案。
在四川省大邑县出土的东汉画像砖《宴饮图》中，赴宴者三两
人成组跪坐席上，面前摆放的食案大小就对饮来说非常合适。
而在辽宁辽阳汉墓壁画中，贵妇坐于带屏风的榻上，其面前摆
放的案，长度和榻的长度相近。

●东汉画像砖《宴集》中的案（四川成都羊子山出土）

●东汉圆形陶案

"举案齐眉"这个成语出自南朝宋时期范晔所著的《后汉书·梁鸿传》，讲述了东汉时期学者梁鸿与其妻子孟光之间的故事，体现了古代的礼仪文化。要将案举起和眉毛齐平，太大的案明显是不可能的，其大小应该和今天的托盘接近。

除了传统低矮的案，我们还能看到大量高度已经达到人腰部的汉代的案，类似于后世的桌。例如在打虎亭汉墓壁画中就有大量高足案的画面。

几

葛洪在《西京杂记》中记载："天子玉几，冬则加绨锦其上，谓之绨几。以象牙为火笼，笼上皆散华文。后宫则五色绫文。以酒为书滴，取其不冰。以玉为砚，亦取其不冰。夏设羽扇，冬设缯扇。公侯皆以竹木为几，冬则以细罽为橐以凭之，不得加绨锦。"几作为"养尊者之物"在汉代是身份和地位的象征，在设计、制作工艺、材质的选择等方面都非常的考究。除了天子使用的玉几，大部分的凭几材质是漆木。凭几按照其足形状的不同可以分为曲栅足几、双曲足几、直足几、折叠几等。在山东武氏祠画像砖和河南南阳画像砖中我们都能看到几的形象，在武氏祠画像砖中还有人坐在几上的画面。

（三）金属陈设类家具：盘灯、钉灯、行灯、吊灯、铜炉

春秋、战国时期良好的青铜器制作工艺积淀，使得汉代依旧保持了非常精良的铜器制作水平。这时期的工匠已经脱离了传统礼制的束缚，铜器制作的题材更加丰富，人们在生产生活中的所见、所感、所得，皆可是创作的来源，由此也就产生出了例如马踏飞燕、铜奔羊、铜屋模型等具有浪漫主义色彩的青铜雕塑器物。

汉代铜器制品的品种丰富、样式繁多，其中最具有代表性的是一些陈设类家具和诸如食器、酒器、烹饪器、水器等广义上的家具。这时期的铜器，以素器居多，要体现华贵则在铜器表面采用鎏金或错金银工艺。

秦汉时期是我国铜灯制作的鼎盛时期，这时期的灯具的种类繁多，造型也丰富多样。《西京杂记》中有这样的记载："汉高祖入咸阳宫，秦有青玉五枝灯，高七尺五寸，下作蟠螭，口衔灯，燃则鳞甲皆动，焕炳若列星盈盈。"又记："长安巧工丁缓，作恒满灯，七龙五凤，杂以芙蓉莲藕之奇。"这里关于著名灯具和工匠的记载，从一个侧面说明了汉代对灯具的使用已经比较普遍，对于灯具的设计和制作也有了很高的要求。

汉代的灯具可以分为盘灯、钉灯、行灯、吊灯、筒灯，使用的燃料有动物油脂、液体油料和蜡饼。秦汉时期的青铜器已较多摆脱礼器等功用约束，而广泛作为陈设实用的器物。正因为此，这一时期的青铜器有着极大的造型创作自由，并立足于实用价值的设计构思。

盘灯

这种灯具的特点是有一个灯盘，用于盛放燃料。盘灯的造型丰富，简单造型的盘灯类似高足的豆，造型复杂的盘灯则妙趣横生，造型不受限制。各种动物形象的盘灯今天都有发现，如羊、牛、犀牛、凤凰、鹿、鱼等。使用此类铜灯时，将灯盘

打开，注入灯油即可点燃，不用时熄灭后，灯油流入动物造型的腹腔中储存。此类灯具造型栩栩如生，设计匠心巧妙、各具特色，在巧用动物身体结构的同时又兼顾节省燃料，体现了汉灯具设计的自然之趣与节约意识。

最为精彩的动物盘灯有鎏金羊形铜灯、鎏金铜鹿灯、中宫雁足灯等。

鎏金羊形铜灯：1982 年出土于凤翔城北。长 27.4 厘米，宽 11.1 厘米，高 21.8 厘米，重 3 千克。羊灯胎体为青铜质地，其外通体采用鎏金工艺。羊灯造型形象生动、栩栩如生，为一只躯体浑厚圆润，前腿后跪，后腿前屈的跪卧式整羊。羊首高昂，双角卷曲，羊脑的后部巧妙地设有一个活钮，臀部则设有一个小提钮。使用的时候可以提着小提钮将羊背向上掀起，将其放置在羊头上，变成一个灯盘。卧羊腹部中空，用于储存灯油，出土的时候羊灯腹腔里还有残留的油脂。汉代羊灯的造型很多。

鎏金铜鹿灯：现藏于南京博物院，灯盘盘径 22.2 厘米，盘深 2.1 厘米，整灯通高 45 厘米。鎏金铜鹿灯有两件，胎体为青铜质地，其外通体采用鎏金工艺。灯具由鹿形灯座、灵芝灯柱、圆形灯盘三部分组成。灯座造型为一只昂首屈膝站立的鹿，鹿嘴口衔一朵灵芝，身体肌肉饱满、起伏有度，充满了力量感，灵芝的芝头则为圆形中空灯盘。

中宫雁足灯：现藏于上海博物馆，灯高 24 厘米，盘径 13.8 厘米。灯盘外底部镌刻来处——中宫（皇后之宫），此灯造于竟宁元年（公元前 33 年）。作为一件标准的官方作坊所制铜灯，在灯盘底部有一系列铭文，很好地记载了当时的材料所耗、制作与监管官员等信息，是汉代物勒工名制度[1]的见证。

---

[1] 物勒工名制度：将器物制造者、监造者、制造机构等的名字刻在器物上，以便政府考核工匠和官员的绩效，从而加强国家对手工业生产和产品质量的管理。

此灯灯座上立一雁爪，前面三爪较长，小爪隐后，细节刻画惟妙惟肖，灯柱有一雁腿关节设计，起伏之势拿捏无虞，在加强刻画的同时也增加持灯时的舒适感。整体造型简洁生动，皇家器物的庄重与大气彰显无遗。

大雁在中国古代传统文化中是忠义与诚信的象征，古代在喜结良缘和与士大夫相交的时候有执雁为礼的习俗。大雁获得不易，后来人们逐渐地用各种材质制作成大雁的形象或符号来代替。雁足灯在古代深得人们的喜爱，在吕大临的《考古图》中有汉代雁足灯的痕迹，在陆游的诗里也有"眼明尚见蝇头字，暑退初亲雁足灯"。

釭灯

釭灯也称为虹管灯，是汉代发明的最具特点的灯具。釭在《释名》中的记载是："釭，空也，其中空也。"在《广雅·释器》中的记载是："凡铁之中空而受柄者，谓之釭。"釭可以简单地理解为有空腔或空管构造的灯具。这类灯具流行于西汉，到东汉时期已经很少见到。釭灯和盘灯一样，造型多变，题材丰富，有鼎形、雁鱼形、牛形、人形等。此类青铜灯具结构巧妙，制作精美，可以藏烟，调节光源的亮度和方向，充分地体现了古代劳动人民的智慧。

长信宫灯：汉代釭灯最为杰出的代表，有"中华第一灯"的美誉。该灯通高48厘米，现藏于河北博物院。器身有9处铭文，共计65字，记载了灯的重量、容量与流转信息，"长信"之名就得自灯上的铭文。该灯通体鎏金，主体为一跪坐执灯侍女形象，侍女神情恬静，身体内部中空，侍女的头部、身躯、右臂和灯罩、灯盘、灯座均可拆卸。该灯最为巧妙的是将侍女的衣袖与右臂设计成了通烟管道，燃烧后的油烟会沿着烟道流通，冷却后灰烬沉淀于侍女体内，避免了油烟对环境的污染，也便于后续的打扫清理。

雁鱼缸灯：由雁衔鱼、雁体、灯盘和灯罩四部分分铸组合而成，雁体表面有翎羽、鳞片彩绘。整体造型浑然一体，既美观又实用，是造型艺术和实用功能完美统一的青铜器佳作。

错银铜牛灯：由灯座、灯盏和烟管三部分组装而成，可拆卸。灯体采用错银工艺，全身遍布流云纹、三角纹、螺旋纹，以及龙、凤、虎、鹿等图案，装饰精美，造型别致，同样也是汉代灯具发展的高峰之作。

行灯

行灯顾名思义就是可以拿着行走的灯，这类灯的特点是有一个长长的把手便于使用者手持行走。行灯的造型有豆形盘灯加把手的，也有三足的。行灯流行于西汉中期至东汉中期。

吊灯

吊灯指灯盘由链条悬挂的灯。吊灯的造型在汉代也是丰富多样，最具代表性的是湖南的胡人形铜吊灯和贵州兴仁的提梁吊灯。

胡人形铜吊灯：东汉灯具的精品，由灯盘、储液箱、悬链三部分组成。造型巧妙独特、颇具匠心，铜人卷发、高鼻，手持灯盘。铜人身体、四肢为储液箱，臀部开有箱门，便于注入燃料，出油口位于胸前与灯盘相连。铜人两肩和臀部系有三条悬链，悬链上方有圆形盖，盖上站立的凤鸟展翅欲飞。

贵州兴仁提梁吊灯：该灯时代为东汉中晚期，灯具悬挂后通高约 40 厘米。圆形灯盘外壁铸龙首形双耳，下有三足，灯盘内腹直壁，盘径 10 厘米，盘高 4 厘米。龙首形双耳龙口大张，斜向上外伸，龙头顶部有半环，便于衔接提链，左右提链均为 14 节链环。弧形提梁位于提链上方，提梁顶端正中为汉代经典的四瓣柿蒂纹铜板。板上铸双手合十跽坐胡人俑，高 4 厘米，俑头顶铸环，连接 7 节链环。最上方的链环环套 S 形挂钩。

铜炉

铜炉作为汉代极具特色的陈设家具，同样充满了浪漫主义的特点。汉代铜炉有香炉、温手炉、温酒炉等样式。其中最有特色的是博山炉。"博山"指的是仙山。很多铜炉的上半部分，被设计制作成博山的形象。在《列子》中有这样的记载："渤海之东，不知几亿万里，有大壑焉，实惟无底之谷，其下无底，名曰归墟。八纮九野之水，天汉之流，莫不注之，而无增无减焉。其中有五山焉：一曰岱舆，二曰员峤，三曰方壶，四曰瀛洲，五曰蓬莱。"古人将对于仙山的想象投射到现实中，从而产生了博山炉。

吕大临在《考古图》中记载："香炉象海中博山，下有盘贮汤，使润气蒸香，以象海之回环。"香炉最开始是用于祭祀，汉代丝绸之路的连通，使人们可以获得大陆上的各种名贵香料，燃香熏屋的习俗逐渐地盛行。缥缈的香烟，通过巧妙隐藏的镂空缝隙，缭绕上方的仙山，营造出的仙境气象似梦似幻，极具宗教特色。今天出土的比较有特点的博山炉有：

1. 河北满城中山靖王刘胜墓出土的错金铜博山炉。
2. 陕西兴平茂陵无名冢出土的鎏金银竹节高柄铜熏炉。
3. 江西南昌海昏侯墓出土的青铜博山炉。

第四节　魏晋南北朝时期的家具

公元 220 年东汉灭亡，中国进入魏晋南北朝时期，也称为"六朝"时期。这个时期是一个大分裂大动荡的时期，也是中国历史上非常重要的过渡时期。

长时间的战争与动乱使得传统意识、传统生活习俗在这个时期动摇淡化，生活方式和民风习俗变得更加自由开放，有了向新方向发展的可能。剧烈的社会动荡还使得原有的社会经济和文化受到了严重的摧残和破坏，各族人民被迫四处迁徙，各种文明文化也因此有了碰撞、交流、融合的机会。这种交流与碰撞，使得中国的传统艺术和传统手工技艺获得了大量汲取不同文明养分的机会，为之后到来的隋唐盛世奠定了坚实的基础，也使得儒、释、道等宗教开始了最初的交流与融合，还使得中国家具开始了由低矮家具向高足家具过渡的蜕变进程。

魏晋南北朝时期的家具总体呈现出兼收并蓄的特点：

一方面依旧沿用秦汉旧俗，并在其基础上演变发展，创造出了新的家具样式，如凭几和隐囊等。另一方面对于外来家具，保持开放包容的态度，努力接纳并收为己用。例如筌蹄、扶手椅等来自西域的家具，随着民族迁徙和宗教输入，在南北朝时期顺利地进入了人们的生活，在潜移默化之间改变着人们的生活习惯。

可惜今天我们没有办法看到太多魏晋南北朝时期家具的实物，只能从当时遗存下来的壁画、石刻中窥见六朝家具的样貌。

一、佛教的传入和高足家具的出现

佛教在汉朝的时候，沿丝绸之路传入中国。公元68年，洛阳兴建了第一座官办寺院（白马寺），到魏晋南北朝时期，佛教已经在中华大地上广泛地传播，并得到了众多统治者的推崇，公元319—350年，后赵统治者石勒、石虎开始在北方广建寺院；公元366年，前秦统治者苻坚开建敦煌莫高窟；公元493年，北魏孝文帝开建龙门石窟。南北朝时期是佛教传入中国后的第一个黄金时期，到最为鼎盛的北朝时期，北方寺院已达4万所，僧尼数量有300万之众，占当时北方总人口的10%左右。后世唐朝杜牧在诗中就有这样的感叹："南朝四百八十寺，多少楼台烟雨中。"佛教在南北朝时期的兴盛，究其原因有二：

宗教思想的广泛传播，有利于统治者的统治，因而获得了统治阶层的推崇；这一时期频繁的战乱使得人民的生活凄苦，佛教教义宣扬的因果报应、转世轮回，使人们在苦难中可以获得些许希望与慰藉，因而也得到了底层民众的支持。

佛教的顺利传播使得和宗教相关的家具有了普及的机会，而且这种普及带有一定的强制性，接受宗教思想也就意味着接纳外来家具文化。这也就使得在西亚和南亚已经成形的一些高足家具能顺利地得到传播。虽然在秦汉时期，中国家具已经出现了高型家具，但在礼制的禁锢下，其普及的程度和接纳度都非常有限，因此我们也可以说佛教开启了中国家具向高型家具的转变。

二、南北朝时期的家具

床榻

魏晋南北朝时期，以低矮家具为主的起居生活方式依旧是社会的主流，床榻仍然是室内起居的绝对中心陈设。我们在顾恺之的《女史箴图》《洛神赋图》中都能看到当时床榻的形象。这一时期床榻的式样在原有的基础上已经有了一定的演变，值得一提的是床榻腿的样式，后世称为壸（kǔn）门式。"壸门"一词来自宋代李诫所著的《营造法式》："凡牙脚帐坐，每一尺作一壸门，下施龟脚，合对铺作。"这种家具样式的雏形最早出现在中国商代，最晚到东汉已经基本成形。和高足家具一样，它的普及很大程度上要归功于佛教的传播和普及。今天普遍将壸门式样作为佛教的典型式样，认为其是随佛教传入中国，这一点值得商榷。壸门的轮廓有圆弧形、长方形、扁长形等，通常是在上端中间有突起，形状犹如葫芦嘴。壸门式样的普及标志着中国家具不再追求简单的结构美和表面装饰美，已经在开始寻求更多的装饰手段。这种式样对于唐代中国家具的发展有着非常重要的影响。

方凳

凳式家具出现在我国的时间其实很早，在新疆的尼雅遗址就出土过东汉时期的方凳，被称为"尼雅木椅"。但此类家具对于当时中国家具的影响并不是很大。中原地区出现方凳的图像资料，是在敦煌莫高窟中。在莫高窟第257窟北魏壁画《沙弥守戒自杀品》中有类似方凳的图像。

筌蹄

在南北朝时期大量的佛教壁画和石刻中经常能见到一种束腰高足圆凳，它被称为筌蹄，因其形状类似中国古代捕鱼的工具"筌"[1]，故得名。这种圆形束腰坐具一般用竹或藤编制而成，比较讲究的在其外包裹纺织物。束腰的形式对于中国高足家具后续的发展也有着深远的影响。一般认为筌蹄是随佛教的传播而进入中国。在新疆克孜尔石窟的本生故事壁画、云冈石窟第6窟的阿私陀占相、敦煌莫高窟第285窟的《五百强盗成佛》、山东青州北齐石椁的画像拓本等图像资料中都有筌蹄的形象。

胡床

胡床于东汉时期传入，又被称为交床，类似今天的折叠小板凳或马扎。它由八根木棍和绳组成，张开后可坐，折叠后便于携带，根据其方便携带的特性，它应该起源于游牧民族。我国关于胡床最早的记载来自《后汉书·五行志》中关于汉灵帝的描述："帝好胡服、胡帐、胡床、胡坐、胡饭、胡箜篌、胡笛、胡舞，京都贵戚皆竞为之。"自传入之后，关于胡床的记载屡见于各类史料中，《三国志·魏书·武帝纪》注引《曹瞒传》："公将过河，前队适渡，超等奄至，公犹坐胡床不起。张郃等见事急，

[1] 在《庄子·外物》中有这样一句话："荃（筌）者所以在鱼，得鱼而忘荃（筌）；蹄者所以在兔，得兔而忘蹄。"

房纏得李遷蜀
是圖向貯藏書
以此為第一信矣
所藏名卷弓四
湘園云頗中舍
光竣李伯時瀟
所可涯溪董矣
生非後人窺測
栾焕妙意然形
各百餘年而神
史箴圖涉傳于
不能到此卷め
非深入三昧者
在阿堵間是知
寿自言傳神正
晉顧愷之善丹

●东晋　顾恺之　《女史箴图》

共引公入船。"因其形制简单、便于制作，到了六朝时期胡床已经是非常常见的家具，连乡村老妪都在使用，在《北史·尔朱敞传》中有这样的记载："（敞）遂入一村，见长孙媪，踞胡床坐。敞再拜求哀，长孙氏愍之，藏于复壁之中。"

胡床自传入一直名声在外，但难见其形，北齐画家杨子华绘制的《北齐校书图》（美国波士顿美术博物馆藏宋摹本），可能是迄今最早的关于胡床的描绘。除了单人胡床，在敦煌莫高窟第257窟北魏壁画中还有双人胡床的样子。

凭几和隐囊

六朝时期的凭几可算是这一时期最具时代特点的家具，又被称为"隐几"。和汉代的凭几相比较，其在形态上已经有了明显的变化。六朝诗人谢朓在《同咏坐上玩器乌皮隐几》中有生动的描述："蟠木生附枝，刻削岂无施。取则龙文鼎，三趾献光仪。勿言素韦洁，白沙尚推移。曲躬奉微用，聊承终宴疲。"凭几在六朝时期由原来的两足演变为三足，为了更好地贴合腰部，几面也改进为半弧状。这种三足抱腰凭几，在结构上更加稳定，在使用时也更加符合人体工学，在六朝时期流行的宽袍大袖的遮挡下，确实可以做到不见踪迹的效果，无愧隐几之名。安徽马鞍山朱然墓出土的黑漆凭几可以让我们一睹其风貌。

颜之推在《颜氏家训·勉学》中有这样一段记录："梁朝全盛之时，贵游子弟，多无学术……傅粉施朱，驾长檐车，跟高齿屐，坐棋子方褥，凭斑丝隐囊，列器玩于左右。"隐囊在六朝至唐这段时间最为流行，也是一种供人倚靠的家具，类似于今天的靠枕或靠垫。它通常由丝织物制成，外形为圆筒状，内部填充织物或纤维。这种软性靠垫奢华舒适，不仅是居家必备的家具，也是贵族身份的象征。

帷帐

帷帐出现的历史非常的久远，在《周礼·天官冢宰第一》中就有记载："幕人掌帷、幕、幄、帟、绶之事。"可见在周代帷帐和几、席一样有着严格的使用等级划分。到汉代，在打虎亭壁画中我们也可以看到红白织物交替布置的帷帐。南北朝时期帷帐的图像资料更加丰富和详细，当时的人们对于帷帐的使用也更加讲究。帷帐可分为坐帐和寝帐，此外还有厨帐、厕帐等，小型帐在早期也被称为"斗帐"。在《洛神赋图》中我们可以看到数张斗帐，这些斗帐有的为手持，有的和车马结合，装饰华丽、造型丰富。

步辇

文献中关于步辇的记载很早就有，在《尔雅·释训》中有"辇者，人挽车也"。《说文解字》的解释是："辇，挽车也。从车，从㚛在车前引之。"[1] 在东晋顾恺之绘制的《女史箴图》"班婕妤辞辇"段中有详细的关于辇的图像。图中的辇平底无轮，其下由八位成年男性共同抬起，高于肩部，辇中坐着的两人为汉成帝和其宠妃。辇的四周设枨杆支帐。类似的步辇画面还出现在了山西大同司马金龙墓出土的漆画屏风中。

屏风

屏风因具有临时分隔室内空间、保护隐私的作用，自出现一直深得天子和王公贵胄喜爱。自先秦到汉有各式屏风被发现（河北定州中山穆王刘畅墓中还曾出土过一件玉座屏，湖南长沙马王堆一号汉墓也有彩绘漆插屏出土），但尺寸都相对较小，为座屏或插屏。到了六朝时期，在山西大同司马金龙墓出土了一套五块较完整的漆画屏风，每块长约 80 厘米，宽约 20 厘米，

---

[1] 挽（wǎn）：同"挽"，是拉扯、牵引的意思。㚛（bàn）：同"伴"字。

厚约 2.5 厘米，可以让我们一睹大型成套屏风的风貌。这套屏风为木板制成，双面遍髹朱漆，分四层，画面内容涵盖了帝王将相、烈女、孝子等传统故事，陈设于厅堂，在欣赏的同时又可起到劝诫与教化之功用。

屏风中的人物以黑色线描勾勒轮廓；脸和手涂铅白，服饰、器具则以黄白、青绿、橙红、灰蓝等颜色渲染；榜题和题记则以黄色为底，黑墨书写。整套屏风人物描绘丰神绰约，生动逼真。运笔线条紧劲连绵、行云流水、自然流畅，与顾恺之作品《女史箴图》《列女仁智图》的风韵相仿。屏风采用榫卯工艺连接，工艺精湛，体现了当时家具制作工艺和髹漆彩绘工艺的最高水平。此屏风是魏晋南北朝时期唯一留存至今的漆木屏风，其所表现的内容与六朝时期的其他文献和图像资料可以做到很好的相互印证，在研究书法、绘画、石雕艺术以及社会意识形态、经济、文化生活等方面都具有重要价值。

第五节　隋、唐时期的家具

公元 589 年，在经历了 160 多年南北分裂的局面后，中国迎来了新的统一。隋朝的历史虽然很短，只有三十几年，但社会生产力在这期间得到了巨大的发展，为唐朝的繁荣奠定了坚实的基础。

公元 618 年，隋朝结束，中国进入了唐王朝时期。自初唐到盛唐的 100 多年间，唐朝的政治、经济、文化高速发展，社会生产力全方面地恢复。历经贞观之治到唐玄宗开元时期，中国进入了空前繁荣的时期。杜甫在《忆昔》里是这样记录当时的繁荣盛世的："忆昔开元全盛日，小邑犹藏万家室。稻米流脂粟米白，公私仓廪俱丰实。九州道路无豺虎，远行不劳吉日出。齐纨鲁缟车班班，男耕女桑不相失。"虽然我们今天没有办法还原当时长安的繁华，但从现有的考古发现中我们也可以窥见一二。当时作为长安中轴线的朱雀大街，宽度达到了 150 至 155 米，150 米这个宽度比今天北京长安街最宽处还要宽 30 米。而作为当时唐王朝权力中心的大明宫，其遗址规模占地 350 公顷（1 公顷 =0.01 平方千米），是明清紫禁城的 4.5 倍之多。庞大的宫殿需要庞大的城市作为支撑。唐代长安城的面积约 83.1 平方千米，约是后世明清长安城面积的 7 倍。庞大的城市意味着庞大的人口规模，保守的学者估计当时长安城的人口在 50 万～ 60 万，乐观的学者估计在 170 万～ 180 万。庞大的人口规模带来的是商品贸易的繁荣和手工业的蓬勃兴旺。《隋书·地理志》中有这样的记载："京兆王都所在，俗具五方，人物混淆，华戎杂错，去农从商，争朝夕之利，游手为事，竞锥刀之末。"可见从隋代开始长安城就已经店铺毗连，商贾云集了。

　　唐代贵族统治阶层对于奢华享乐的追求，促使大量的宫殿、寺庙、皇家园林、地主庄园如雨后春笋般地被建造出来，这也就意味着有大量的室内环境需要各类家具、手工业产品去填充装饰。按照唐代的人口规模和城市规模，我们其实很容易判断出唐代的家具数量应该是非常庞大的。在《太平广记》中有这样的记载："广陵有贾人，以柏木造床，凡什器百余事，制作甚精，其费已二十万，载之建康，卖以求利。"这段文字记录了唐代家具手工业者产销合一的经营状态。其生产的器物数量、生产成本、运输销售方式，都可以让我们感受到当时家具业的兴盛发达。但唐代距今也已经一千多年了，在经历后世频繁的战乱和王朝更替后，今天我们能看到的唐代家具实物其实非常稀少，好在有大量的文献记载、绘画作品（包括壁画）、石窟雕塑等资料可以让我们去探寻唐代家具的样貌。

　　唐代是我国家具由低座家具向高座家具转变的重要时期。

自汉代胡床传入，历经几个世纪的发展，到唐代已逐渐地自上而下引发了生活方式的转变。胡床、绳床、筌蹄等外来高座家具带来的垂足而坐的生活方式逐渐地形成了"潮流"。而自商周形成的席地而坐的传统跽坐的生活方式也依旧是社会的主流，且二者并行不悖。生活方式的多样化使得唐代家具的样式也变得丰富多样。今天我们在各种视觉类史料中不仅可以看到各种传统低矮家具的身影，也能看到唐圈椅、月牙凳、立式柜等各种新出现的高型家具的样子。在"安史之乱"后，唐王朝的财政状况捉襟见肘，于是允许"度牒"买卖，佛教信徒规模再次迅速扩大，与佛教相关的高座家具和生活方式得到进一步普及。

一、唐代的贸易

唐朝的疆域面积最大的时候有 1000 多万平方千米，且维持了 35 年。庞大的疆域使得疆域内民族众多，统一的王朝让各民族间有了和睦发展与交流合作的机会。唐王朝与当时周边的少数民族政权关系融洽和睦，如西北的突厥、回鹘，西南的吐蕃、南诏，东北的渤海等与中原都有非常频繁的交流。唐朝疆域的最西端到了中亚咸海地区，对西域拥有了实际控制权。这使得唐朝与当时雄踞中亚的阿拉伯帝国（大食）、波斯（今伊朗）都有了频繁的交流。当时中外的经济文化交流主要有两条渠道：一条是陆路，以长安为起点经河西走廊丝绸之路到今天的印度、伊朗以及地中海东岸；另一条是海路，以广州为起点，经过南洋、印度洋直达非洲东岸和地中海南岸，途经的国家有林邑（今越南中部）、真腊（今柬埔寨）、骠国（今缅甸）、倭国（今日本）等。唐朝政府早在贞观六年（公元 632 年）就设立"互市监"（后改为市舶司）专门管理对外贸易。为了方便大量且频繁的国际贸易，开放自信的唐帝国允许外国人在中国居住，当时的长安和广州都居住了大量的外国人，还开设了大量的商店。另外唐朝还接纳了大量由朝鲜、日本等国派遣的遣唐使、学问僧到长安进行学习。比较有名的遣唐使阿倍仲麻吕（晁衡）和王维、李白、储光羲等都有过亲密交往。

二、唐代的手工业

大量融合吸纳外国装饰工艺特色，是唐朝工艺美术的一个重要特点。唐王朝作为中国封建社会的鼎盛时期，具有"统一、上升、自信、开放"的特点。频繁密切的国际交流和民族融合，极大地促进了各种手工业的发展，使得唐朝的手工业制品也呈现出开放的面貌。今天我们在众多的唐代器物上都能看到其他文明和文化的身影。

唐朝手工业除了大量吸取国外的优秀经验，也有大量的手工艺人到国外进行交流学习。天宝年间，杜环所写的《经行记》是这样记录杜环在大食的见闻的："画者，京兆人（长安）樊淑、刘泚；织络者，河东人（山西永济）乐环、吕礼。"

唐代与家具相关的手工艺如雕刻、螺钿、鎏金、木画、漆绘、拨镂 [1] 等，在南朝工艺的基础上有了进一步的发展，其制作水平已经非常高超，精美程度令人叹为观止。各种工艺与小木作 [2] 的结合也使得唐代家具的面貌与大唐国风一脉相承，呈现出造型浑圆、丰满，装饰清新、华丽，雍容华贵的面貌。

唐代的手工业生产分为官营和私营两种形式。伴随着经济

---

[1] 拨镂：一种牙雕工艺，主要涉及对象牙的处理和雕刻。

[2] 小木作：中国古代传统建筑中非承重木构件的制作和安装专业。在宋《营造法式》中，归入小木作制作的构件有门、窗、隔断、栏杆、外檐装饰及防护构件、地板、天花（顶棚）、楼梯、龛橱、篱墙、井亭等 42 种，在书中占六卷篇幅。清工部《工程做法》称小木作为装修作，并把面向室外的称为外檐装修，在室内的称为内檐装修，项目略有增减。

的发展，城市规模的扩大，到中唐时期一部分手工业逐渐脱离了农业，成为以商品生产为目的的独立私人手工作坊。这种手工业作坊往往内里是制造的场所，临街则是售卖的场所。同类型的商品生产作坊和店铺聚集在一个街坊，称为"行"。中唐时期，京都长安有 220 个行，且每个行业都成立了行会来维护共同利益。据日本和尚圆仁《入唐求法巡礼行记》记载，会昌三年六月二十七日，"夜三更，（长安）东市失火，烧东市曹门已西十二行四千余家，官私钱物、金银绢药等总烧尽"。据此估算当时长安的行会商铺有 7 万余家，这个规模着实庞大。手工业向商品经济的发展也影响了官办手工业。

唐代的官办手工业规模远远超过汉魏南北朝时期，设立了庞大的官僚机构进行生产管理，当时设立的机构有少府监、将作监、军器监和都水监。据《新唐书·百官志三·少府》记载："监一人，从三品；少监二人，从四品下。掌百工技巧之政。总中尚、左尚、右尚、织染、掌冶五署及诸冶、铸钱、互市等监。供天子器御、后妃服饰及郊庙圭玉、百官仪物。凡武库袍襦，皆识其轻重乃藏之，冬至、元日以给卫士。"官府作坊在这一时期将以往的"劳役制"逐渐变为"工役制"。生产方式的转变对于解放生产力、促进手工业者发挥艺术创造才能起到了一定的作用。

以今天的史料来看，唐代家具以木制家具为主，主要有两个方面的特点：家具木材的选择更加丰富多样，家具的木框架结构形式逐渐成熟。

三、唐代家具材料及木结构方式的变化

唐朝发达的商业，频繁的国际贸易，使得用于制作家具的木材流通变得方便，可以获得的木材资源也变得丰富。唐代高档的家具往往采用硬木制作，如紫檀木、花梨木、铁木等；中

档家具选用樟木、核桃木、槐木、黄檀木、水曲柳等；一般普通的家具则多用柳木、榆木、橡木等。

唐代建筑业的蓬勃发展，使得木工技艺趋于成熟与完善。木制家具和木构建筑同属于木作行业，得益于木作技术的发展，这一时期家具的设计和制作水平也得到了快速的提升。唐代柳宗元在《梓人传》中就详细地描绘了一个大木工匠"把作师傅"的形象，可见木工的制作体系已经非常完备。唐代一些在建筑大木作 [1] 中使用的梁架构造元素被移植到了小木作中，框架结构式家具逐渐地成形，为后世宋代高座家具的发展奠定了基础。

四、唐朝时期的家具

今天我们对唐代家具和时代风貌的研究主要来自敦煌莫高窟和唐代的墓葬壁画以及唐代的绘画作品。敦煌莫高窟共 735 个洞窟，隋代开凿 95 个，唐代开凿 213 个。唐代实物家具在日本有少量的遗存。

根据现有的实物和图像资料，唐代已经有了非常丰富的坐卧类家具样式，包括席、床榻、胡床、绳床、椅子、筌蹄、坐墩、月牙凳、步辇、腰舆、须弥座等。

席

席作为最古老的家具在经历了漫长的演变后，在唐代依旧是非常重要的日常生活家具。但随着其他各类家具的出现，席在人们生活中的地位有所降低，使用也不再恪守成规。将席与床榻、椅凳一起使用，在唐代已经是比较普遍的现象。唐代杜佑在《通典》第六卷《食货六·赋税下》中记载，当时各地贡物中，席簟（diàn）类有 18 种，可分为编织类和纺织类两种。

[1] 大木作：我国传统建筑营造的核心技艺，主要应用于建筑主体为殿堂、厅堂的宫殿、寺庙、祠堂、府第等。

编织类包括葵草席、龙须席（五色龙须席、青蓝龙须席）、蔗心席、水葱（莞）席、苏熏席、竹簟、藤簟、五入簟等等，纺织类包括白毡、绯毡等。除此之外唐代还记录了很多其他种类的席，如壬癸席、象牙席、红线毯[1]等。比较有意思的是壬癸席和象牙席。

1. 壬癸席

《河东备录》："取猪毛刷净，命工织以为席，滑而且凉，号曰壬癸席。"用猪毛做席，也算是独一份。

2. 象牙席

《西京杂记》："武帝以象牙为簟，赐李夫人。"可见汉代就已经有了象牙席，其生产一直延续到清朝乾隆时期，雍正皇帝还曾下旨禁止生产。象牙席的制作工艺十分复杂，且耗费巨大，已经失传。古代应该还用类似的工艺生产过"犀角簟"，唐代诗人曹松在《碧角簟》中写道："细皮重叠织霜纹，滑腻铺床胜锦茵。八尺碧天无点翳，一方青玉绝纤尘。蝇行只恐烟粘足，客卧浑疑水浸身。五月不教炎气入，满堂秋色冷龙鳞。"该诗通过细腻的描绘和生动的比喻，赞美了簟席带给诗人的清凉、华美之感，也可见在大唐盛世下人们对于高雅、清新、精致、奢华生活的追求。

床榻

唐代的"床"是一个比较宽泛的概念，泛指置物、坐卧类家具。唐代的床有很多，例如胡床、绳床、食床、茶床、笔床、榻床等等。其中胡床、绳床是高足坐具，食床、茶床、笔床是置物类家具，按照功能来说床和榻是比较相近的家具。我们知道榻这个名称出现在汉代，到了唐代，榻和床在造型上区别不大，主要是大小区别，所以称谓往往连在一起或混称。

---

[1] 顾学颉. 白居易集 [M]. 北京：中华书局，1979：78.

1. 直角床榻

直角床榻，顾名思义是有四只直角腿的床榻。也许是它的造型相对简朴的原因，在敦煌壁画中这种床榻主要展现的是僧侣和平民的生活。在高等级墓葬的壁画和唐代的绘画资料中，基本见不到它的身影。唐代的直角床床腿往往安装在长边稍靠中部的位置，并不安装在四个角上。在日本奈良东大寺正仓院，有两张唐代直角床的实物，为圣武天皇生前御用品。两张床的尺寸一致，长 2370 毫米、宽 1190 毫米、高 385 毫米。床面为四边攒框结构，内部面心为八根细方直材等距排列组成，直材嵌入边框短边，床腿安装在长边靠里的部位。此床造型稳固匀称，与东晋墓出土的独坐壶门榻相似。此外在直角床基本样式的基础上还演变出了带床屏、带靠背等样式。另外汉代出现的多人床榻，在莫高窟南北朝和唐代的壁画中依旧能够看到影像，如莫高窟第 148 窟的《九横死》局部、莫高窟第 23 窟的《法华经变》局部、莫高窟第 120 窟的《涅槃经变》等。

2. 局脚床（壶门床）

唐代称壶门床榻为"局脚床"，局脚的叫法在南北朝时期就已经出现。在《邺中记》中有记载："石虎御床，辟方三丈。其余床皆局脚，高下六寸。"熊隽在《唐代家具及其文化价值研究》中认为："'局'字除'弯曲'的意义外，也可释为'棋盘'……'局脚'名称的来源，应当指家具带有方形的'棋局脚'。"壶门样式的家具在唐代非常的常见，相较直角床它显得更加的高级。我们在唐代大量的墓葬壁画等绘画影像中都能看到它的身影。壶门样式主要有两种：壶门腿带托泥式、壶门腿不带托泥式。托泥指的是承接家具的腿足的架子。根据图像资料判断，唐代带托泥样式的家具数量更多一些。唐代局脚床尺寸较小的采用单壶门样式，尺寸较大的采用多壶门样式，人们还会按照壶门板足的数量来称呼家具。在敦煌文书中就有"六脚大床壹张"的记载。脚的数量并不是固定的，除了有六脚的床，也有三脚、四脚、五脚、七脚等。冯贽的《云仙杂记》中就有九脚床榻的记载："柳宗元吟《春水如蓝》诗，久之不成。乃取九脚床于池边，沙上玩味终日，仅能成篇。"在莫高窟第 154 窟盛唐（或中唐）壁画《被人轻贱》中，局脚榻为三足带托泥样式；在莫高窟第 138 窟晚唐壁画《供养像》中，局脚榻为四足带托泥样式；在莫高窟第 85 窟晚唐壁画《帷屋闲话图》中，局脚榻为五足带托泥样式。可见托泥样式的普及。

唐代将帷帐、屏风与床榻结合，已经非常的流行，这种组合方式也是后世架子床的雏形。在《敦煌变文集·下女夫词》中有这样的记载："堂门策（筑）四方，里有四合床。屏风十二扇，锦被画（尽）文章。"这一时期的屏帐床榻影像我们可以参考敦煌藏经洞唐代绢画《乘象入胎图》。在莫高窟大量《维摩诘经变》壁画中，维摩诘所坐的床榻都有屏风、帷帐，如莫高窟第 335 窟初唐壁画、莫高窟第 159 窟中唐壁画、莫高窟第 12 窟晚唐五代壁画。

唐代床榻还有一部分另类的存在，如高足床榻、长凳。高足床榻的高度已经远超坐卧家具的范畴，根据图像判断，其高度已经和后世的桌子接近，但使用方法还是采取盘坐。例如莫高窟第 150 窟中唐壁画《比丘宣讲金刚经》、莫高窟第 159 窟中唐壁画《观无量寿经变》《法华经变》。我们可以看到，高僧坐在高榻上讲经。所坐床榻造型均为长方形框架，每面三足，局脚带托泥。这种高榻因为太高，需要"床梯"才能上去。敦煌文献记载："大床肆张，内壹在妙喜。床梯壹，除。"（敦煌文献 S. 1776《后周显德五年（958 年）某寺法律尼戒性等交割常住什物点检历状（二）》）

唐代还有一类长条形坐具，座面为长方形，带四足，可几人同坐，其宽度小于传统意义的榻。西安长安区南里王村出土的中唐壁画《野宴图》中就有其图像。图中大型餐案上整齐地摆放着各式餐具、食物，餐案三面各放置了一条直腿长凳，每个凳子上分别坐着三位男子。画中男子姿态各异，闲适自然，或盘腿，或垂足坐于凳上。长凳造型和用法与后世的宽面长凳基本一致。

交床（胡床）

胡床自汉代传入便屡见于史书记载，到了隋代《大业杂记》，隋炀帝将胡床改名为交床[1]。在唐代淮安靖王李寿墓中有一幅线刻《侍女图》，其中三个侍女手中都持有交床。仔细观察可以发现，其并非简单的坐具，上面绘有棋盘，说明到了唐代，人们在交床原有功能上已经开发出了新的功能，用竹木代替其座面，将其变为便携式的棋桌。陆羽《茶经》中还有交床其他用法的记载："交床以十字交之，剜（挖掉）中令虚，以支镀（煮茶用的锅）也。"其将交床开发为煮茶的架子，可见当时人们的创造力。

绳床

绳床和筌蹄一样都是随佛教而传入的家具，在南北朝时期，绳床已经是常见的佛教家具，在《晋书·艺术传·佛图澄》中有"迺与弟子法首等数人至故泉上，坐绳床，烧安息香，咒愿数百言"的记载。根据佛教《四分律》记载："绳床者有五种，旋脚绳床、直脚绳床、曲脚绳床、入陛绳床、无脚绳床。"在唐代之前绳床仅见于文献记载，有关绳床最早的记载出现在南朝时期的《出三藏记集》。

绳床的样式：用木方制作出框架，在座面框架上打孔，将粗绳穿过座面四边木方上的孔隙，纵横编织形成座面，绳床有四足不可折叠。在现有的资料中，绳床的样式有无靠背绳床和

---

[1] 杜宝. 大业杂记 [M]. 北京：中华书局，1991：10.

有靠背绳床两种。无靠背绳床的记录相对较少，在莫高窟第303窟壁画《法华经变·观世音菩萨普门品变相》《法华经变·见宝塔品》中，有无靠背绳床的图像记载。

有靠背绳床应该是今天中国椅子的来源。绳床和今天椅子的差别应该是座面大小和座面材质的差异。在唐代《济渎庙北海坛祭器杂物铭》中有记载："绳床十，内四倚子。"在唐代诸多的诗文中我们常常会看到倚坐绳床的描述。白居易的《爱咏诗》："辞章讽咏成千首，心行归依向一乘。坐倚绳床闲自念，前生应是一诗僧。"李白的《草书歌行》："吾师醉后倚绳床，须臾扫尽数千张。"可见绳床在唐代除是僧侣的家具外，已经广泛地出现在了人们的生活中。在莫高窟第186窟的《弥勒经变》中，我们可以看到一张描绘得清晰详细的绳床。而唐代绳床的实物，收藏在日本正仓院南仓，是日本奈良时期的寺院遗物。绳床的尺寸是通高905毫米、座高420毫米、座面尺寸784毫米×700毫米，宽大的座面除可以倚坐外，更方便盘坐，但日本人将其称为胡床。

椅子（圈椅）

椅在《说文解字》中的解释是："椅，梓也。从木，奇声。"在《小雅·湛露》中有这样的句子："其桐其椅，其实离离。"这里的"椅"还是树木名。"椅子"这个词在唐代写作"倚子"。宋代《唐语林》记载颜真卿七十五岁时，"立两藤倚子相背，以两手握其倚处，悬足点空，不至地三二寸，数千百下"。除了感叹颜将军老当益壮，我们也能从中知道今天的"靠背"在当时被称为"倚"。在唐代高元珪墓和莫高窟第196窟的壁画中，我们都可以看到"倚子"的样子。明显壁画里"倚子"座面的尺寸相较绳床要小很多，和我们今天的椅子已经非常相像。唐代"倚子"的造型非常的灵活多变，在当时的壁画中我们还可以看到没有扶手的"倚子"，以及只有一侧有扶手的"倚子"。

在周昉的《挥扇仕女图》中还有一件很特殊的家具——圈椅，绘制的年代为唐中期（8世纪下半叶至9世纪初）。画中并没有完整地绘制出圈椅的图像，但根据画中贵妇手持团扇慵懒地坐于椅中的姿势判断，贵妇的背部应该有倚靠且高度不过肩，可被衣物遮挡。通过隐约出现的靠背一角可知，靠背的造型应为圆弧形，与两侧的扶手相连。椅子整体的造型应与今天的圈椅类似。椅子扶手末端的托手外卷呈圆弧形，扶手横枨（chéng），与座面之间有数根竖枨连接。椅腿造型也非常的讲究，均带弧线，两椅腿中间设置挂钩，挂流苏。虽然有人体遮蔽，但依旧难掩其华美富丽的魅力。

筌蹄和坐墩

唐代，筌蹄是女性比较喜欢的家具。目前出土了多个唐代坐于筌蹄上的三彩女坐俑。现在普遍认为筌蹄是由藤或竹编制而成，筌蹄的流行对于藤编工艺的发展有极大的促进作用，在它的基础上产生出了新的家具样式，后世称为鼓墩、坐墩。其造型摒弃了筌蹄的束腰结构，变成了直桶形和鼓桶形。在法国吉美博物馆收藏的敦煌地区晚唐纸本画稿（P.2002v）中，我们就可以看到坐墩的图像。坐墩在唐代已经得到了一定的普及，在莫高窟唐代壁画中我们可以偶见它的身影。到了宋代，随着生活习惯的改变，坐墩逐渐发展成为家里最为常见的坐式家具。

月牙凳 [月牙杌（wù）子]

这是一种在唐代出现的新型坐具，在唐代的史料中并没有找到其对应的名称。在今天的许多专著中，专家根据其外形将其取名为"月牙杌子"或"月牙凳"[1]。唐代佚名《宫乐图》（宋摹本）中有两件没有坐人的月牙凳，我们可以清晰地看到它的形象。画中月牙凳的座面中心略微凹陷，可以增加坐感的舒适

---

[1] 中国文物学会专家委员会. 中国文物大辞典（下）[M]. 北京：中央编译出版社，2008：765.

性。座面总体呈倒大圆角矩形状，一侧长边略微内凹，独立四脚满工雕花，两腿间设置金属环挂流苏。除了增加坐感的舒适性，也为了配合贵妇的着装，烘托宴会的氛围，座面上铺有锦帕和坐垫两种织物。其中锦帕为红底绿边配金色碎花。坐垫座面为红底配金色碎花，镶金色边，坐垫包边为绿色，包裹月牙凳边缘。无论是锦帕还是坐垫，与深色的月牙凳相搭配都呈现出新巧别致、高贵奢华之风，视觉冲击力强烈。月牙凳在唐代的家具中是一个相对特殊的存在，我们在唐代众多的仕女画中都能看到它的身影，如盛唐张萱的《捣练图》（宋摹本），中唐周昉的《调琴啜茗图》、《挥扇仕女图》、《内人双陆图》（宋摹本）等。《挥扇仕女图》中的月牙凳造型最为独特，其座面为浅色，呈半圆形。在这些作品中我们可以看到月牙凳的腿部造型基本一致，都带有弯曲弧度，布满雕饰或漆饰，两腿间都设置了金属挂环，

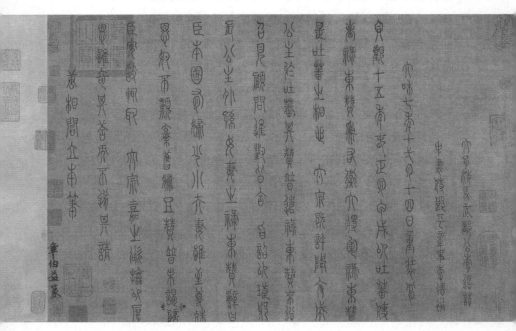

●唐　阎立本　《步辇图》

垂挂彩色流苏。月牙凳的配色丰富多样，多为棕色，深浅皆有，还有彩色配碎花的月牙凳。总体来看，月牙凳尽显温婉华丽，极具女性色彩。

步辇与腰舆

　　说到唐代的步辇，就不得不说到世人熟知的由初唐阎立本绘制的《步辇图》（宋摹绢本）。《步辇图》中的步辇和东晋顾恺之绘制的《女史箴图》（"班婕妤辞辇"）中的步辇相比较，在大小和样式上都有很大的差别。前者不仅明显小很多，而且造型也更加的简单。这个步辇仅供唐太宗一人乘坐，由六名宫女抬着，抬的方式也非常的不同，并未过肩只到腰部。前后中间主要承重的两名侍女将襻带挂于肩上，双手抬杆，左右两侧各站两名宫女，仅是侧身助力。

　　其实唐太宗乘坐的并非步辇，严格来说应该叫舆。《隋书·礼

仪志》："今舆，制如辇而但小耳，宫苑宴私则御之。"根据《隋书》的记载，舆可以分为步舆、载舆。底部有脚的叫步舆，没有脚的叫载舆。而在《唐六典》中，关于辇和舆的记载更加的详细："辇有七：一曰大凤辇，二曰大芳辇，三曰仙游辇，四曰小轻辇，五曰芳亭辇，六曰大玉辇，七曰小玉辇。舆有三：一曰五色舆，二曰常平舆，其用如七辇之仪，三曰腰舆，则常御焉。"根据唐代的礼制，《步辇图》中唐太宗乘坐的应该叫腰舆。带脚的腰舆在阎立本绘制的另外一幅名画《历代帝王图》（宋摹绢本）中就可以看到，描绘的是陈宣帝。画中也是两人主抬，四人辅助，前后各一位持扇侍者，陈宣帝乘坐舆中，身前还放置了一个凭几。

须弥座

须弥座是大多出现在宗教建筑中的高等级坐具，在普通人的生活中基本不可见，今天依旧如此。其出现的时间应该是魏晋南北朝时期，到了唐代，其出现的频率更高，样式变得更加的丰富。

须弥座又被称为"须弥坛""金刚座""金刚台"，是梵文Sumeru 的音译。须弥座的多层式样对于后来中国家具线条造型的产生具有重要影响。

第六节　五代时期的家具

公元 907 年唐朝灭亡，中国再次进入了分裂的局面。在四十多年的时间里，北方黄河流域先后出现了后梁、后唐、后晋、后汉、后周五个朝代，南方出现了前蜀、吴、闽、吴越、楚、南汉、荆南、后蜀（西蜀）、南唐、北汉等诸多政权。后世将其合称为"五代十国"。

五代十国时期北方战乱频繁，但南方十国中的西蜀、南唐、吴越却侥幸免于战乱的侵扰，经济、文化各方面都得到了一定的

发展。五代时期的家具依旧很少有存世的，我们对于这个时期的了
解主要来当时的绘画作品，其中最为重要的是南唐画家顾闳中的
《韩熙载夜宴图》和周文矩的《重屏会棋图》《宫中图》等。根据
绘画资料我们可以看到，同时期、同地区的绘画作品，家具的风格、
样式都有一定的差异，为此人们也对《韩熙载夜宴图》绘制的时
间提出了异议，但当时的墓葬壁画和石窟壁画都有同样的特点。

一、五代时期的家具

这一时期，人们的生活习惯呈现出席坐和垂足而坐并用的
状态，高型和低型家具在这一时期都在使用，但各种低矮家具
的高度，都有了明显的增高，家具样式以发展高足家具为主。
江苏邗江蔡庄五代墓就出土了一件珍贵的五代高脚木榻，木榻
尺寸长 188 厘米、宽 94 厘米、高 57 厘米。57 厘米的高度已经
远远高于今天的座椅高度。

五代十国时期的家具样式丰富、种类齐全，前承隋唐，后
接宋代，表现出高低搭配、新旧并行的局面。在内蒙古宝山辽
墓壁画《寄锦图》（923 年）中，我们就可以看到一众侍女手持
各种器物的画面，其中一个双手抱着的就是唐代流行的月牙凳；
在敦煌莫高窟第 473 窟中还能看到和中唐壁画《野宴图》一样
的长桌、长凳。这些都说明唐代的风俗在这个时期依旧在延续。
而五代周文矩的《宫中图》中，圈椅的形象则在唐代的图像资
料中从未出现，明显是新的家具样式。在五代周文矩的《重屏
会棋图》、卫贤的《高士图》、王齐翰的《勘书图》中，品类丰富、
样式风格不同的家具被混搭组合在一起，为我们展现了五代时
期家具的多元。总体来说，五代时期家具的风格已经开始抛弃
唐代的华丽，转而更倾向于宋代的简洁雅致。尤其是桌椅在这
一时期已经开始大量使用直线条，轻装饰，重质感，力图展现

家具的结构美，流露出古朴的风格。这种转变为后世家具的演变奠定了基础，对宋代及以后家具风格的形成和垂足生活方式的定型产生了深远影响。

我们今天使用的传统家具分类方式就来源于这个时期。

二、《韩熙载夜宴图》中的家具

《韩熙载夜宴图》是中国艺术史上一幅极为重要的绘画作品，人们通常认为它是五代（南唐）画家顾闳中的作品。画中细致翔实地描绘了所属时代的家具、服饰、舞蹈、乐器、瓷器等内容，是了解社会风俗风貌的重要图像文献。但此画在家具、服饰、绘画技巧等方面表现出的特点和五代时期其他的艺术作品有着一定的差异，使得人们对其创作的年代一直存有疑问。现在学界普遍认为这幅画可能是南宋画院的画家根据流行的题材，结合南宋的礼仪、社会风貌所绘制的。

如果《韩熙载夜宴图》为五代作品，那么就如朱大渭先生所说，高坐的起居方式"至唐末五代已接近完成"。但在同为南唐画家周文矩所绘制的《重屏会棋图》中，我们能够很明显地看到画中的家具基本都是床榻类，并没有《韩熙载夜宴图》中的椅子和墩。各种床榻有大有小，有高有矮，棋者和"重屏"中的人物所展现出的都是"矮足矮坐""席地起居"的生活方式。同为南唐画家，所表现的场景面貌却有如此大的差异，也不得不让人存疑。当然也有可能是两幅作品所绘制的环境差异以及主人喜好造成的。

《重屏会棋图》中侍女身旁的高榻，根据尺寸分析，完全可以满足垂足而坐的需求，再结合周文矩的其他作品，我们可以判断出五代时期的中国家具并没有完全脱离席地而坐的生活方式，完成向高足家具的转变，仍是高矮家具并用的局面。

《韩熙载夜宴图》中绘有七坐墩、六椅、五桌、三屏风、二榻、二床、二衣架、一灯架。

六把椅子均为无扶手曲搭脑椅，这种椅子搭脑中间部分拱起，两端上翘并向内卷曲成牛角状，所以得名"牛头椅"；搭脑的这种造型还酷似南方的油灯灯挂，因此宋以后这种椅子又被称为"灯挂椅"，在宋元时期是很流行的家具。

画中韩熙载盘坐的椅子与其他五把椅子在材质、造型上有所差异。用材明显要粗厚一些，椅背为框架造型，中间呈现白色，有可能是镶嵌了石材或是做了配色处理，椅背似乎还有一定的弧度，韩熙载身下则设有坐垫。其余五把椅子细瘦匀称，均有椅披。椅子用材的粗细和其他桌类家具的桌腿粗细相当，这种尺寸的家具，应该为硬木所制，或是绘者为了区分人物的身份地位和确保画面的整体协调而故意为之。而椅披的使用在现存唐和五代的文献中并无明确的记载。

《韩熙载夜宴图》中共有五张长短大小各异的桌子，两张三面围屏榻和两张架子床。画中桌子用材细劲，结构比例恰当，线条简洁精练；均为黑色，格调素雅深沉；整体风格朴素无华、简洁疏朗，具有浓厚的文人气息。值得注意的是，桌子的高度和床榻的关系，画中有两组桌子置于榻前，这种陈设方式在汉代的壁画中就已出现，明显是矮坐习俗的延续。桌子、床、榻、椅子的高度基本相当，根据椅子上人物的坐姿，按照今天的家具尺寸推测，高度大概为 45 厘米，这个尺寸的床榻明显脱离了矮足家具的范畴，应当属于高床、高榻，椅子的高度和后世的高足家具相当，而这个高度的桌子有别于几、案，也有别于后世的高足桌子，是一个很特殊的存在，和后世的边几、炕桌类似。这个高度的桌子在王齐翰的《勘书图》中也有出现，反映出的正是高坐与低坐混融的生活方式。

●五代·南唐　顾闳中　《韩熙载夜宴图》（部分）

●五代　周文矩　《重屏会棋图》

第七节　宋、元时期的家具

公元 960 年，中国再一次迎来了统一，后周大将赵匡胤建立了宋朝。宋朝分为北宋和南宋，前期定都汴京（今河南开封），被称为北宋。公元 1127 年金兵攻破开封，宋王室南迁，定都临安（今浙江杭州），被称为南宋。北宋的靖康之耻，南宋的偏安一隅，使两宋在对外军事与政治上的表现，给人一种孱弱的感觉。但两宋合计共 319 年，是中国历史上少有的存续超过三百年的王朝。陈寅恪先生对于宋朝的评价是："华夏民族之文化，历数千载之演进，造极于赵宋之世。"[1] 钱锺书先生说："在中国文化史上有几个时代是一向相提并论的，文学就说'唐宋'，绘画就说'宋元'，学术思想就说'汉宋'，都得数到宋代。"[2] 可见两

---

[1] 陈寅恪 . 金明馆丛稿二编 [M]. 北京：生活・读书・新知三联书店，2001：245.

[2] 相关内容源自钱锺书《中国文学史》。

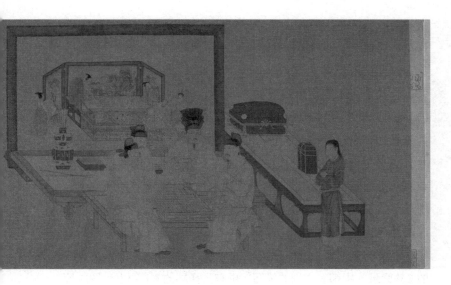

宋在中华文明发展史中的地位。继两宋之后崛起的元代，以其广阔的疆域、多元文化的融合等在中国历史上留下了深刻而独特的印记。

一、宋代的社会面貌

宋朝自建立就一直重视经济的发展，没有对商人和手工业者进行太多的限制，在相对宽松的社会环境中，商业、手工业从业人员众多，商品经济、市民经济蓬勃发展，"在公元 10 世纪末到 13 世纪下半叶这段历史时期，中国古代城市的发展，出现了一场革命，这就是城市结构从里坊制转化为坊巷制"[1]，城市经济的日趋繁荣，使得临街商铺鳞次栉比，社会经济飞速发展。自汉朝确立的宵禁制度的取消，使商业活动不再受到时间的限制，进一步释放了社会的活力，随之出现了热闹非凡的早市和

[1] 郭黛姮. 中国古代建筑史　第三卷：宋、辽、金、西夏建筑 [M]. 北京：中国建筑工业出版社，2003：16.

夜市。飞速发展的经济还使得城市人口快速膨胀，据史料统计，北宋时期十万户以上的大都市已经增加到了四十多个 [1]，如汴梁、长安、洛阳等均为当时的大城市。北宋都城汴梁遗址规模约 54 平方千米，已经是一个具有百万人口的政治经济文化中心。孟元老在《东京梦华录》中有这样的描述："夜市直至三更尽，才五更又复开张。如要闹去处，通晓不绝。""人烟浩穰，添十数万众不加多，减之不觉少。" [2] 南宋时期，随着政治经济中心南迁至临安，南方的扬州、福州、泉州等城市得到了快速发展，江南地区也自此成为中国的经济中心。宋朝新兴商业城市的繁华，经济的繁荣，在北宋孟元老的《东京梦华录》、南宋吴自牧的《梦粱录》中都有详细的描写，更有张择端的《清明上河图》等绘画作品可以佐证。北宋时的汴梁城"花阵酒池，香山药海，别有幽坊小巷，燕馆歌楼，举之万数，不欲繁碎"。而南宋的临安依旧是"杭城大街，买卖昼夜不绝，夜交三四鼓，游人始稀……有夜市扑卖果子糖等物，亦有卖卦人盘街叫卖，如顶盘担架卖市食，至三更不绝"。政治军事上的不如意，似乎并未对两宋的经济造成太大的影响。新兴的城市仍在快速地发展，城市中大街小巷交织如网，店铺酒肆热闹林立，百货云集，熙熙攘攘，车水马龙，繁忙的景象依旧。商业的发达使得商品经济逐渐地成形，促使了纸币的出现，商业税收成为宋朝政府财政的重要来源之一。

宋代经济商贸的繁荣还体现在对外贸易上。宋朝先后建立了十几处市舶司，是中国历史上第一个允许并鼓励本国民众出海贸易的王朝，自此宋朝百姓开始大批随船出海经商留居，包恢在《敝帚稿略》中称："贩海之商无非豪富之民，江淮闽浙处处有之。"大批出海的宋人逐渐在海外形成了"宋人町""唐坊"

---

[1] 朱瑞熙 . 宋代社会研究 [M]. 郑州：中州书画社，1983：14.

[2] 相关内容源自孟元老《东京梦华录》卷五.

等带有中华印记的聚居地。朱彧在《萍洲可谈》中提道："北人过海外，是岁不还者，谓之'住番'。"

海上贸易的兴旺使得整个亚洲都有了新的气象，中国的手工业品被大量输出到东南亚、印度洋沿岸地区，而亚洲海洋诸国输入中国的则是资源性商品。在《宋史·食货下八》中有这样的记录："凡大食、古逻、阇婆、占城、勃泥、麻逸、三佛斋诸蕃，并通货易，以金、银、缗钱、铅、锡、杂色帛、瓷器，市香药、犀象、珊瑚、琥珀、珠琲、镔铁、鼍皮、玳瑁、玛瑙、车渠、水精、蕃布、乌樠、苏木等物。""南海Ⅰ号"发掘出的近 20 万件文物就很好地印证了宋代的文献记录。"南海Ⅰ号"的出水也让我们领略到了宋代科技的先进和造船业的发达。

宋代开放的海上贸易，各国间频繁的交流，使得宋朝先进的科技文化、科举制度、政治体制被传播到亚洲各地，阿拉伯等诸国商人的到来也将伊斯兰教、摩尼教、印度教等多种宗教信仰传入了中国。泉州是当时世界第一大港和海上丝绸之路的起点，今天依旧有大量的外来宗教遗迹。新资源和新宗教的输入，使得宋代的文化变得更加多元，科技和手工业的发展有了更多的可能性。

英国科技史家李约瑟曾说："谈到 11 世纪，我们犹如来到最伟大的时期。"发达的手工业是商业繁荣的基础，宋代在造船业、制瓷业、建筑业、采矿业、纺织业等几乎所有的行业均是当时世界最为领先的存在。中国古代四大发明，其中三项在宋代最终成形。根据《宋史·职官志》记载，宋代手工业管理机构相较唐代更加庞大，分工也更细，"掌金银、犀玉工巧及采绘、装钿之饰"，重要的手工业工种已经多达 42 种。手工业生产无论是分工、技术、生产规模、工匠人数、产品的数量和质量都远超前代。在"轻徭薄赋"的政策下，官营手工业和民间手工作坊均迅速发展，形成了诸多具有各自特色的制造业中心，如景德镇制瓷，广州、明州、泉州造船，湖州铸镜，两浙路制金银器，海南棉纺，等等。

先进的科技、发达的手工业、繁荣的商业、自信开放的文化，使得诸多新兴商业城市快速崛起，城镇人口快速增加，随之而来的是大兴土木扩大城市规模，以解决居住问题。作为手工业综合水平代表的建筑业、家具业因此无比兴旺，获得了巨大发展，高水平的建筑层出不穷，也因此出现了《木经》《营造法式》《燕几图》等手工业的专业书籍。

二、宋代的文化面貌

宋代是一个"崇文"的王朝，自宋太祖赵匡胤开始就非常重视文化艺术，历代统治者对文人都礼遇有加，宋代皇室也出过不少文人、画家和书法高手，例如宋徽宗、宋真宗等。宋真宗还推行了"赐田给学"的学田制度，以支持教育事业的发展。自上而下的"崇文"，使得布衣、庶族求仕的积极性空前高涨，一大批寒门学子通过科举制度登上了历史舞台，成为宋代的中流砥柱，如赵普、寇准、王安石、范仲淹等。据统计，两宋310多年间，正奏名进士多达43000人，远远超过了唐朝。文风的盛行使得文人士大夫阶层迅速地扩大，宋代在科技、哲学、史学、文学、绘画等方面都空前的繁荣，远远超过前代。宋代在文化上的成就多不胜数："唐宋八大家"之中，宋代成员占有六席；北宋时出现了董源、李成、范宽等山水画名家；南宋时有李唐、刘松年、马远、夏圭"南宋四大家"；还有李公麟、苏汉臣、李嵩等人物画、院体画高手；更有张择端等界画大家为后世留下了社会时代的风貌；此外还有留下了无数佳作名句的诸多著名词人，以及《梦溪笔谈》《营造法式》等科技类书籍。

宋代繁盛的读书风气，使得整个社会都有了文人化的倾向，上到皇帝，下到贩夫走卒，都呈现出一种文质彬彬、温文尔雅的文人气息。《宋史·太祖本纪》记载："三代而降，考论声明文物之治，道德仁义之风，宋于汉、唐，盖无让焉。"[1] 正如苏轼所说："发纤秾于简古，寄至味于淡泊。"文人士大夫"简、古、淡、泊"的审美理念在"崇文"风气的影响下，自然成为社会审美的标准，造就了宋王朝非凡的审美意趣。这种美学精神，最初体现在文人画、文人词、文人园之中，进而是相互的结合，要求审美在"形而上"及"形而下"的完美统一和持续，强调意境的深长，正如苏轼评价王维时曾说："味摩诘之诗，诗中有画；观摩诘之画，画中有诗。"最终，审美的意趣扩散至社会生活、服饰器物之中，全方位地沁润了宋代的方方面面。

宋代工艺美术（特别是文人喜好的工艺美术）自此抛弃了前朝描金画银、嵌珠缀玉的雍容奢华之风，转而追求古朴清新、天然质拙的审美境界，如袁行霈先生所述："经由庄、禅哲学与理学的过滤与沉淀，宋人的审美情感已经提炼到极为纯净的程度，它所追求的不再是外在物象的气势磅礴、苍莽浑灏，不再是炽热情感的发扬蹈厉、慷慨呼号，不再是艺术造境的波涛起伏、汹涌澎湃。"

三、元代的社会面貌

公元 1215 年蒙古大军攻取中都（今北京），1271 年忽必烈定国号为大元，1276 年元军攻占南宋首都，1279 年南宋灭亡。中国首次由少数民族建立了大一统王朝。1368 年明军攻占了大都和上都，元廷结束对中原的统治，前后 89 年。

---

[1] 脱脱. 宋史 [M]. 上海：上海古籍出版社，1986：22.

元朝政权在其崛起与扩张的过程中，展现了强大的军事力量，其疆域快速扩张，《元史》称"北逾阴山，西极流沙，东尽辽左，南越海表……汉、唐极盛之际，有不及焉"。在征战早期，蒙古大军的行动对部分地区的经济、文化造成了一定程度的冲击，导致北方部分地区农田荒废，生产活动受到抑制。后来随着政权的稳固，其统治者开始重视农业与手工业的发展，提出了"以农桑为急务"的方针，间接促进了丝织工艺的发展。飞速的崛起、庞大的疆域助长了蒙古贵族阶层奢靡生活之风，使得贵族阶层对于手工艺制品的需求异常庞大，为此蒙古军队十分重视对工匠的搜罗，所到之处都会掳掠工匠，聚敛手工制品。《静修文集》记载："保州屠城，唯匠者免。"甚至还出现了逼迫和尚、道士还俗从事手工艺生产的现象。对工匠群体的保护，使得工匠的数量快速增长，手工业生产的规模远超历代。到1279年，入籍的工匠人数已经有42万之多。元代，工匠虽然受到了一定的保护，但其目的是维持元代贵族的奢华生活，工匠的地位其实非常低。元代将工匠称为"匠户"，终身不得更换职业，长期接受奴役。

元代辽阔的版图和强权的统治，让元帝国内的海陆交通空前发达。东西方、各民族之间的交流再次变得频繁，加上元政府对于手工业的重视，使得元代各种手工业都得到了一定程度的发展。游牧民族的特性及其贵族阶层对奢靡生活的追求，使得元代家具在保留宋代家具结构的基础上更多地继承了辽金家具的部分风格，并有了更成熟的发展。家具在追求奢侈华贵的基础上，呈现出厚重、雄健、豪迈的特色。

四、宋代时期的家具

宋代，高足家具已经成为社会的主流。从"踞、踞"到垂足而坐，生活方式的改变，看似简单，实则是礼制的变革，谈何容易。从高足家具传入到宋代完成变革，前后千年，直到五代时期依旧是新旧交替的局面，彻底转变所要面对的是巨大的世俗阻碍。宋代能彻底改变生活方式完成家具世俗化的原因，一方面是高足家具已经得到了一定的普及，另一方面是城市化的快速发展引发礼制的松动，但根本原因是宋代基于良好的"崇文"风气、开放的文化态度，对于家具品种、样式的开发，以及对"礼制"的创新。

宋代，人们先对建筑的空间功能进行了再划分，赋予不同空间如厅堂、书房、寝室、厨房等不同的属性；再将不同空间的家具进行功能的差异化设计，根据家具的品类、样式、材质等差异，重新定义人物身份等级，从而在不经意间完成对生活习俗及礼制的再定义。

快速的城市化进程使得社会结构发生了变化，传统固有的生活模式和礼仪在此时出现松动，人们对于家具功能的需求增加，社会对于新事物的接纳程度也更高。城市化还使得建筑业兴盛，木工技艺得到快速发展普及，出现了大量的木工从业人员，能满足因社会结构变化而产生的对家具品类、样式的创新需求。小木技艺的发展、革新顺利地转化到家具生产中，使得宋代还完成了家具结构的创新改进，从而打造出造型简约秀挺、更合乎人体工学的家具。"崇文"风气在这个过程中则起到了对家具样式和审美需求的把控作用。

宋代是中国家具史中的转型期、发展期，北宋时期高型家具基本普及，到了南宋时期，高型家具开始了系列化的发展进程，新式的高桌、高案、交椅、太师椅等家具都已出现，我们熟悉的中国传统家具已经基本成形。宋代工匠们还通过框架结构和榫卯结构实现了家具力学与美学的完美统一，创造出以直线型为主的家具样式，造型严谨轻简、尺度完美，突出了实用与适度，拥有简洁疏朗、素雅俊秀的审美格调，为后世的明式家具走向巅峰奠定了坚实的基础。

宋代家具的用材也非常的丰富，除了柏木、楠木、杉木、杏木、梓木、榆木等非硬性木材，乌木、紫檀木、花梨木等硬木也被广泛使用。

宋代自宋太祖赵匡胤立国就提倡节俭、反对奢侈，没有厚葬的习俗，并得到了历任继任者的贯彻，这使得宋代出土的随葬品远不及其他朝代丰富，就更别说家具了。好在宋代有着完备的绘画体系，造就了众多顶尖的绘画作品，可以帮助我们详细和全面地了解宋代家具。另外，同时期的北方政权辽、金，有少量的家具实物出土，也可以间接地帮我们了解当时的家具面貌。

床榻

虽然已经进入了高足家具时代，但床榻凭借其便于移动、方便组合、能为使用者提供自由的坐卧姿势等优异特性，仍然是室内的核心家具之一，在宋代依然被广泛使用。宋代的绘画作品，包括壁画对当时榻的描绘非常多，在这些作品中，榻样式丰富，高、矮、大、小应有尽有，装饰手段和方法也非常多样，充分体现了宋代社会的开放与自信。

小型榻，体积小，便于移动，方便摆放在各种环境中，对其有描绘的作品有《槐荫消夏图》《风檐展卷图》《薇亭小憩图》《草堂客话图》《蚕织图》等。

大型榻，多用于宗教场所，《白莲社图》《补衲图》《捣衣图》《女孝经图》《维摩演教图》等中有对其的描绘。寺院床榻一般做工更为考究细致，多带有托泥或壸门装饰，用材粗大，体形壮硕。出于高僧讲经的需要，寺院床榻多为高榻。

组合榻,在宋画《风檐展卷图》《四景山水图》《捣衣图》《补衲图》《槐荫消夏图》中都有描绘。

榻与屏风的组合很早已出现,是榻与其他家具组合最常见的方式。常见组合有一榻一屏风、一榻三屏风,后来演变出了将小型屏风与榻直接结合在一起的新式家具。这样,屏风既可作为装饰又可作为靠背。这种家具到了明清时期非常常见,被称为"罗汉床"。一榻三屏风的家具在《韩熙载夜宴图》中就有出现。还有一榻五屏风的做法,即将长段的屏风一分为五,高低搭配,装饰性更强。罗汉床在《维摩演教图》中就有描绘。

建筑空间功能的划分,使得床和榻有了明显的功能区分。榻的使用更多趋向于会客和小憩,而床则更注重隐私。因此床一般会加设帐杆、帷帐,在《韩熙载夜宴图》中就有这种床的图像,后世称为"架子床"。至于其是否是在宋代出现很难判断。后世在此基础上还演变出了四面围合、重工雕饰,只留门洞出入,极具仪式感的绣床。

庋具

庋具,收藏、放置物件的储物类家具,除了用于储物,也是重要的室内陈设,如箱、盒、橱柜等。箱、盒较小,便于移动,橱柜较大,一般会固定安放。

宋人戴侗在《六书故》中写道:"今通以藏器之大者为柜,次为匣,小为椟。"这类家具按照形状大小排序应该是柜、箱、匣、椟。一般左右开的为柜、上开的为箱。

宋代和箱相关的称谓很多,有箱箧、箱笈、箱筥、箱笼等。袁褧(jiǒng)在《枫窗小牍》中写道:"(李成)每往,醉必累日,不特纸素挥洒,盈满箱箧,即铺门两壁,亦为淋漓泼染。"这里的"箱箧"是统称,指大小箱子,类似的器具还有藤箧、书箧等。"箱筥""箱笼"也是统称,苏轼有诗曰:"家藏古今帖,墨色照箱筥。"方的叫箱，圆的叫筥。南宋戴侗对箱笼的解释是："今人不言箧笥而言箱笼。浅者为箱，深者为笼。"而"箱箧"就有一定的专属性，一般指存放书籍和重要物品的箱子，沈辽有诗《德相所示论书聊复戏酬》："金玉敷卷轴，龙蛇阈箱箧。"

箱盒：箱体加上盖被称为箱盒，宋代箱盒呈正方形或长方形，一般采用盝顶[1]盖。箱盒是非常常见的器物，考古发掘和绘画作品中都很常见。例如南宋李嵩的《骷髅幻戏图》、南宋佚名的《女孝经图》、南宋牟益的《捣衣图》、南宋佚名的《春宴图》、南宋佚名的《盥手观花图》、河北宣化下八里的辽墓壁画、山西高平开化寺的宋代壁画等图像资料中都绘有箱盒。考古出土的箱盒一般是佛教或梳妆用品，做工都很精美，制作材料也很丰富。有三彩琉璃舍利盒、描金堆漆檀木经盒、剔犀盒、楠木箱、剔犀菱花形盒、戗金花卉纹黑漆填朱盒等。

挑箱：宋代市民经济发达，经常会有小贩、货郎挑着货物走街串巷叫卖，他们使用的就是挑箱。在宁夏泾源宋墓的砖雕、南宋李嵩的《骷髅幻戏图》、南宋佚名的《春游晚归图》中都刻画了挑箱，在北宋张择端的《清明上河图》中这种箱子有 3 件。

橱柜：今天厨房里顶面可以做桌面的称为柜，设置较高、没有这一功能的叫橱。本意就是放置东西的家具。

宋代橱柜造型一般比较的简洁，注重实用性，为了方便收纳还会设置抽屉。河南方城宋墓就出土了一件三层抽屉石柜，南宋刘松年的《唐五学士图》、南宋佚名的《蚕织图》中都有绘制橱柜。宋代周密《癸辛杂识》中记有："李仁甫为长编，作木厨十枚，每厨作抽替匣二十枚，每替以甲子志之。"

---

[1]盝顶：中国古代传统建筑的一种屋顶样式，顶部有四个正脊围成平顶，下接庑殿顶。盝顶梁结构多用四柱，加上枋子抹角或扒梁，形成四角或八角形屋面。顶部是平顶的屋顶，四周加上一圈外檐。

承具

宋代承具包括桌、案、几、台。宋以前的承具主要是案、几。随着高足家具的发展，桌逐渐成为市井生活中最为普遍的家具之一，也逐渐发展出了各式各样的桌，形状上有条桌、方桌，功能上有供桌、书桌、琴桌、经桌、棋桌、画桌、酒桌、茶桌等。因为是新出现的家具，人们对其概念的表达经常与案、几混用，例如供桌和供案、茶桌和茶几等。

1. 桌

在宋代之前尚未出现桌这一名词。宋代"桌"也被写成"卓"。北宋孔平仲就说："两府踧受。开读次已，见小黄门设矮桌子，具笔砚矣。"南宋赵与时也说："京（蔡京）遣人廉得有黄罗大帐，金龙朱红倚卓，金龙香炉。"关于桌子的史料记载颇为丰富，《格古要论》中有记载："叙州府何史训送桌面，是满面葡萄，尤妙。其纹脉无间处，云是老树千年根也。"徐积《谢周裕之》有诗句"但坐杜侯椅，两桌合八尺，一炉暖双趾"。

桌子以实用为主，框架结构，在宋代开始和椅子、凳子搭配，成为市井小民、文人富商、王公贵胄生活中最主要的承具。在《清明上河图》中，桌子出现在豪宅、酒楼、茶肆、商铺、作坊甚至船上，可以说无所不在。桌子的大量出现也说明在北宋晚期，高足家具已经完成了普及。

宋代的桌按照桌腿的差异可分为三类：粗腿桌、细腿桌、花腿桌；按照高矮分，就是高桌和矮桌；按照桌面形状可分为方桌、长方桌；还有折叠桌。

粗腿桌：桌腿粗壮，整体风格浑厚。甘肃武威西郊林场西夏墓出土的木桌、河南方城金汤寨北宋墓出土的石桌等家具实物就是这种风格的桌子。另外，在山西高平开化寺北宋壁画《善事太子本生故事·屠沽》、山西闻喜县下阳金墓北壁壁画等作品中也可看到这种粗腿桌的形象。

细腿桌：框架结构，结构紧凑，桌腿瘦劲，整体风格简练。在宋代大量反映文人、上层生活的绘画作品中都能看到它的形象，可惜没有实物出土。根据其尺寸分析，如为真实家具，其材质应该是硬木。足、枨、牙条、牙头等部件组织合理，为明式家具的发展奠定了坚实基础。

其形象可见于北宋赵佶的《文会图》、南宋佚名的《槐荫消夏图》、内蒙古辽墓壁画（嵌石长桌）、南宋陆信忠的《十六罗汉图》、南宋佚名的《蕉阴击球图》、南宋佚名的《女孝经图》、宋佚名的《孟母教子图》等。

花腿桌：桌腿有卷云纹、如意纹等装饰雕琢，为了风格的统一，在桌子的枨、牙头、牙条等部件也可做同类装饰。其形象在宋佚名的《高僧观棋图》、南宋佚名的《六尊者像》、宋佚名的《梧阴清暇图》、南宋佚名的《戏猫图》等画中，都可以见到。

2. 案

案的使用在宋以后的古代中国非常的普遍，是礼制家具的代表，主要出现在相对正式的场合。案有高矮之分，今天人们已经将宋代的高案称为桌，其与桌的区别在于大小。在《新唐书》中，节度使的礼案尺寸是"高尺有二寸，方八尺"[1]。宋代大量的文人画中都有案的形象，主要出现在文人士大夫阶层的聚会等场合，很多延续了唐朝箱型结构特征，也许是为了表达怀古的情怀，也有可能是宋代依旧在沿用。在北宋佚名的《南唐文会图》、北宋李公麟的《高会习琴图》、宋佚名的《西园雅集图》等画作中就有这种案。

明清时期也将"腿足离承面四角较远的承具"称为案，在

----

[1] 唐朝的一尺约等于现在的30.7厘米。

南宋佚名的《六尊者像》、南宋李嵩的《听阮图》、南宋马公显的《药山李翱问答图》等作品中可以看到。

翘头案：北宋佚名的《闸口盘车图》中有一位官员坐在翘头案后办公，所以有了办案、审案等词语，这里的案就是翘头案。这种案两端有翘头，今天在祠堂、寺庙中能见到，多用于祭祀、供奉。宋代不少图像资料中都有出现，如南宋佚名的《六尊者像》、南宋高宗书《孝经图》、宋佚名的《十王经赞图卷》。另外，古代的画作很多是长卷画，翘头案在观画、画画时都比较的方便，如南宋钱选《鉴古图》中的长翘头案，因此翘头案也被称为书案。

3. 几

几是低座家具时期用于倚靠的凭具，到了宋代，传统的凭几依旧还在使用，但已经不是主流的家具。人们在几原有的形制上将其演变为放置小件器物的承具，开发出了各种样式，如宴几（燕几）、茶几、花几、香几、榻几、炕几、桌几、书几、足几等。

传统凭几的形象在重庆大足石刻中出现了两处，即北山佛湾第 177 号窟地藏菩萨像、重庆大足舒成岩 4 号龛南宋三清像。另外，在一些传世绘画作品，如北宋李公麟的《维摩诘像》《维摩天女像》、南宋刘松年的《琴书乐志图》、宋佚名的《十八学士图·焚香》等画中也都有传统凭几形象。

宴几："宴"通"燕"，宴几源自唐人宴请宾客的专用几案，可随宾客人数随意组合。可能因其为几何形且类似燕尾，而得名。北宋文人黄伯思[1]为其专门著书《燕几图》，这也是中国历史上第一本专门的家具图录。

足几：其见于宋佚名《槐荫消夏图》中文人榻上用于垫足

---

[1] 黄伯思（1079—1118），字长睿，号云林子，邵武（今属福建）人，博学多识，能书善画，以古文名家，曾奉诏于集古器考定真伪。

的小几。

茶几：样式很多，不太拘泥于形式，可放茶具，也可放置其他物品，在宋刘松年《斗茶图》中的茶几有两件：(1)三层异形；(2)三层框架。而在北宋李公麟（传）的《孝经图》中则是圆形茶几。

花几：宋代有赏花、戴花、插花的习俗，为花专门设几是最好的体现。在南宋佚名的《六尊者像》中有藤编花几的形象；南宋刘松年的《唐五学士图》中红漆花几颜色鲜艳、造型别致，可谓是此画中最抢眼的家具；此外，在河南安阳新安庄西地宋墓（花坛与花几）、河南武陟县小董金墓砖雕（盆栽牡丹花几）中都有花几的出现。这个时期花几的造型很多都是束腰三弯腿式，显得秀美大方、古朴典雅，是明清家具的早期范例。

香几：宋代文人士大夫有调香、焚香的习俗，很多人为此痴迷。焚香也是佛教中非常重要的礼仪，所以在宋代的绘画作品中，香几也多有表现，如北宋李公麟的《维摩演教图》、北宋赵佶的《听琴图》、南宋佚名的《六尊者像》、宋佚名的《果老仙踪图》、南宋李嵩的《罗汉图》、南宋刘松年的《松荫鸣琴图》、南宋陆信忠的《十六罗汉图》等等。宋代香几的造型也可谓多姿多样，简洁朴实、雍容奢华、质朴天然各种风格均有呈现。

第八节　明朝时期的家具

公元 1368 年，元朝被朱元璋领导的起义军推翻。中国迎来了最后一个由汉族建立的封建王朝。明朝经历了 276 年，初期定都南京，朱元璋采取了屯田、移民、兴修水利等一系列的措施，全面发展生产，恢复社会经济，被称为"洪武之治"。随后永乐皇帝迁都北京，国家经济与社会得到进一步巩固和发展，此外永乐皇帝还对蒙古、安南、倭寇等进行了军事打击，派遣郑和七下西洋，加强了中外经济文化的交流，这一时期被称为"永乐盛世"，也是明朝国力的顶峰时期。明中期皇帝昏庸、宦官专政，多次爆发农民起义。明后期虽然统治依旧腐朽，但在经过一系列改革后，社会面貌得到一定的改善，城市经济非常繁荣，商品经济得到了较大的发展，社会中出现了资本主义的萌芽。明代政治与经济中心分离，以南京为中心的江南地区经济非常的发达，是当时的经济中心。万历时期谢肇淛在《五杂俎》中这样描写当时金陵的社会面貌："金陵街道极宽广，虽九轨可容，近来生齿渐蕃，民居日密，稍稍侵官道以为廛肆，此亦必然之势也。"城市经济的繁荣，带动了一批城市的出现，据《明史·食货志》记载，当时明政府设立钞关（税收机构）的城市有 33 个。明代发达的商品经济，促使了市民经济和文化的繁荣，加上明朝政府对于文化的态度相对开放，由此民间出现了大量的各类书籍，比较详细全面地记录了明朝的社会面貌。这些书籍中很多都有关于当时家具的记录，如《云间据目抄》《陶庵梦忆》等，我们还可以通过《天水冰山录》[1] 这种抄家账以及各类当时民间流行的小说文本如《醒世恒言》等去了解家具在当时社会中的使用状况。除了丰富的文献资料，明朝大量的绘画作品中也随处可见家具的身影，丰富的图像画面不仅让我们了解了家具在当时人们生活中的普遍性和重要性，更重要的是可以让我们体会到当时人们的文化思想和审美意趣。明代，随着家具作为文化精神的物化表征地位的逐渐凸显，出现了大量有关家具风格与审美的理论著作，如《长物志》《格古要论》《遵生八笺》《博物要览》等。家具产业的蓬勃发展，使得关于家具生产的技术

---

[1]《天水冰山录》是 1565 年严世蕃获罪后的抄家账。

积累越发的丰富，也逐渐地产生出了一批和工艺技术相关的专门书籍，如《天工开物》《鲁班经》《髹饰录》《园冶》等，可惜的是没有出现专门的有关家具制作的书籍。

明朝对于我们了解中国古代传统家具非常重要，其距今时间并不是太过久远，明代家具仍然有大量的实物留存。

一、明代的手工业面貌

明代虽然依旧继承了对手工业者的世袭制管理，但对于手工业者的限制相对宽松，采取了轮班制和住坐制，手工业者获得了大量的自由时间，对于明代商品经济和手工业的发展都起到了很好的促进作用。到成化时期，明政府还采取了班匠征银制度，工匠可以通过缴银代替服役，再次释放了社会生产力，进一步促进了各种手工制品的生产和创作。

明代手工业制品受到政治、经济等多种因素的影响，在不同时期会有不同的出彩作品，这使得人们开始使用统治者的年号对产品进行划分，也为我们了解明朝不同时期手工业的状况提供了便利。明代的文献中有大量关于记年号手工制品的记载，如《万历野获编》："玩好之物，以古为贵。惟本朝则不然，永乐之剔红，宣德之铜，成化之窑，其价遂与古敌。盖北宋以雕漆擅古今，已不可得，而三代尊彝法物，又日少一日，五代迄宋所谓柴、汝、官、哥、定诸窑，尤脆薄易损，故以近出者当之。始于一二雅人，赏识摩挲，滥觞于江南好事缙绅，波靡于新安耳食。诸大估曰千曰百，动辄倾囊相酬，真赝不可复辨，以至沈、唐之画，上等荆关；文祝之书，进参苏米，其敝不知何极！"[1]可见当时人们对于古玩雅物的喜好已经蔚然成风，也可知明代

---

[1] 相关内容源自沈德符《万历野获编》卷二十六"时玩"。

手工业的欣欣向荣。明代还出现了堂名款、人名款、吉语款、图案款等多种在器物上落款的方式。明代的民间手工艺人也不再如之前历代一样不被世人所知。结合明代丰富的民间书籍，我们可以更多地了解到他们的名字和故事。如张岱在《陶庵梦忆》中写道："吴中绝技：陆子冈之治玉，鲍天成之治犀，周柱之治嵌镶，赵良璧之治梳，朱碧山之治金银，马勋、荷叶李之治扇，张寄修之治琴，范昆白之治三弦子，俱可上下百年保无敌手。""宜兴罐，以龚春为上，时大彬次之，陈用卿又次之。锡注，以王元吉为上，归懋德次之。夫砂罐，砂也；锡注，锡也。器方脱手，而一罐一注价五六金，则是砂与锡与价，其轻重正相等焉，岂非怪事。"在这些记录中，除了有各行业的精英艺人的人名，还有同一行业艺人水平的排名，这也是当时手工业繁盛的有力证明。明代手工业可分为民营和官营两部分。

（一）民营手工业

明代随着社会活力的释放，民营手工业蓬勃发展。冯梦龙在《醒世恒言》中有一段关于徽州木匠在苏州开店的记载："间壁是个徽州小木匠店。张权幼年间终日在那店门首闲看，拿匠人的斧凿学做，这也是一时戏耍。不想父母因家道贫乏，见儿子没甚生理，就送他学成这行生意。后来父母亡过，那徽州木匠也年老归乡，张权便顶着这店。因做人诚实，尽有主顾，苦挣了几年，遂娶了个浑家陈氏。夫妻二人将就过日。怎奈里役还不时缠扰。张权与浑家商议，离了故土，搬至苏州阊门外皇华亭侧边开个店儿，自起了个别号，去那白粉墙上写两行大字，道：'江西张仰亭精造坚固小木家火，不误主顾。'"由此可见，当时社会发达的商品经济使得工匠的生存环境并不是十分艰难，工匠可以通过手艺养家糊口、娶妻生子。明朝政府对于社会人口的流动也没有过多的限制，百姓拥有一定的人身自由，在经济发达地区开设手工作坊已经是非常普遍的现象。明代社会的相对自由不仅表现在地域间，也表现在各阶层间。明朝社会阶层可分为士、农、工、商四大类，发达的城市商品经济，相对宽松的社会环境使得各阶层之间的交流非常频繁。在明代大量的文献中都有关于文人雅士和高超工匠之间密切往来的记载，如唐顺之和装订工胡贸、张岱和海宁刻工王二公、魏学洢兄弟与常熟微雕艺人王叔远等都有一段友谊佳话。而墨工方于鲁因技术高超，名声极盛，兵部侍郎汪道昆竟要与之联姻，这在其他朝代是很难想象的事情。

（二）官营手工业

明代官营手工业规模非常庞大，明政府很多管理机构都有自己专属的手工业机构，如工部、内府、户部、都司卫、地方官府等，其中最为重要的是工部和内府管理的机构。工部中与家具制作相关的机构主要是营缮清吏司和都水清吏司。内府作为专门为皇室服务的机构，其管辖的手工业机构在明代官营手工业体系中的地位非常重要，被称为"内府制作"。内府根据工种的不同分为二十四个衙门，被称为"二十四监局"，其中司礼监、内官监和御用监负责部分皇家家具的生产。

根据万历年间的《酌中志》记载："（皇史宬）再南，则御前作也。""专管营造龙床、龙桌、箱柜之类。"当时专门负责宫廷各类漆木家具制作的机构是司礼监和御前作。司礼监设置了做官太监一名和散官太监十多名。里外监把总二名，典簿、掌司、写字、监工无定员。[1] 宫廷中相当数量的家具都是由这两

---

[1] 相关内容源自《明史·职官志三（宦官机构二十四衙门）》。

个机构制造的。而内官监所管辖的有十作，也就是十种手工业，负责宫廷内的其他需求，其中当然有木作。

二、明代的对外贸易

明初期对海外贸易持开放态度，洪武、永乐时期，与外界的联系频繁，除派遣使臣访问南亚各国外，最著名的应该是永乐皇帝派遣郑和七下西洋，大力发展与周边各国的关系。为此，在永乐初年就在福建泉州、浙江宁波、广东广州三市设立了市舶司，方便各国贡使的接待和管理。"凡外国朝贡使臣，往来皆宴劳之。"[1] 当时随船队朝贡明朝的外国使节都会有相当不错的礼遇。跟郑和一同下西洋的马欢在《瀛涯胜览》中是这样记录当时船队在马六甲（满剌加）的盛况的："凡中国宝船到彼，则立排栅，如城垣，设四门，更鼓楼，夜则提铃巡警，内又立重栅，如小城。盖造库藏仓廒，一应钱粮顿在其内，去各国船只回到此处取齐，打整番货，装载船内，等候南风正顺于五月中旬开洋回还。"在郑和下西洋的示范效应和政府的怀柔抚绥政策的影响下，南亚各国纷纷派遣船队入明朝贡。明中期采取了禁海的政策，中断了民间与海外的联系。到明隆庆时期，受到财政危机的影响，明政府解除了"海禁"，允许私人进行海外贸易，与东南亚各国的交流再次频繁。东南亚优质名贵的木材，被大量地进口，为明代硬木家具的生产提供了丰富的材料，明代家具的材料非常的丰富，有紫檀木、花梨木、杞梓木（鸡翅木）、楠木、樟木、胡桃木、榆木、瘿木、乌木、相思木、黄杨木、榉木等。得益于"海禁"的解除，明代家具和瓷器、茶叶、漆器一样，成为最为重要的外销商品，这也使得中国家具产生了更

---

[1] 相关内容源自《明太宗实录》卷五十二。

大范围的影响。

明范濂在《云间据目抄》中有这样的记载："细木家伙，如书棹、禅椅之类，余少年曾不一见。民间止用银杏金漆方棹。自莫廷韩与顾、宋两公子，用细木数件，亦从吴门购之。隆、万以来，虽奴隶快甲之家，皆用细器，而徽之小木匠，争列肆于郡治中，即嫁装杂器，俱属之矣。纨绔豪奢，又以椐木不足贵，凡床厨几棹，皆用花梨、瘿木、乌木、相思木与黄杨木，极其贵巧，动费万钱，亦俗之一靡也。尤可怪者，如皂快偶得居止，即整一小憩，以木板装铺，庭蓄盆鱼杂卉，内列细棹拂尘，号称书房，竟不知皂快所读何书也。"在这段记录中，我们可以了解到晚明时期民间家具的状况。在嘉靖时期，民间还在大量地使用银杏木金漆家具，到了晚明隆庆、万历时期，普通的榉木家具已经不能满足富裕阶层的需求，高档的紫檀木、花梨木、瘿木、乌木、相思木、黄杨木成为宠儿，这其中很多种木材只能依靠进口获得。大量细木家具（硬木家具）的需求使得徽州的小木工匠在松江地区开设了大量的店铺，也使得明代对于家具的审美发生了变化，更多体现木材本身的质地、色泽和纹理，由此高档家具由传统的漆木家具转变为硬木家具。

三、明代与家具相关的书籍

《髹饰录》

与家具制作相关的传统手工业中，漆作是联系最为密切的。明代的漆器在制作工艺和成就方面都远超前代，明政府在永乐时期就开设了官方的漆器制作机构"果园厂"，所生产的漆器产品制作精美，被称为"厂制"。明代民间漆器生产也非常的繁荣，许多有名的漆器匠人和他们制作的精美漆器被后世所知，如苏州艺人蒋回回制作的金漆、扬州匠人周翥（zhù）制作的百宝嵌等。山西的漆器家具也是这个时期非常重要的家具产品，对于传统家具的发展有着非常重要的促进作用。隆庆时期（1567—1572 年）安徽漆工黄成（字大成）编撰了《髹饰录》，全书分乾、坤两集。《乾集》记述漆器制造技术、原料、工具及漆工禁忌；《坤集》记述漆器品类及形态。该书是了解中国古代传统漆器制作非常重要的书籍。

《长物志》

文震亨是明代的文学家、园林设计师，他也是江南四大才子之一的文徵明的曾孙。其在著作《长物志》中详细地记录了关于中国家具的陈设、使用方式和品鉴方法。

《长物志》记录了天然几、书桌、壁桌、台几、椅、杌、凳、交床、橱、架、佛橱、佛桌、床、箱、屏、脚凳等多种家具。家具部分的开篇就写道："古人制几榻，虽长短广狭不齐，置之斋室，必古雅可爱，又坐卧依凭，无不便适。"可见在高足家具已经成为主流的明代，床榻的地位依旧稳固。书中还有大量有关陈设类小型家具的记载，如第六卷中关于禅椅的记载："以天台藤为之，或得古树根，如虬龙诘曲臃肿，槎牙四出，可挂瓢笠及数珠、瓶、钵等器，更须莹滑如玉，不露斧斤者为佳。"又如第七卷中关于笔屏的记载："笔屏，镶以插笔，亦不雅观，有宋内制方圆玉花版，有大理旧石，方不盈尺者，置几案间，亦为可厌，竟废此式可也。"书中对于家具式样、材质的雅俗优劣品评是晚明文人士大夫审美意趣的真实披露，丰富了家具制作的理论，对于明式家具的设计、制作产生了非常重要的影响。

《园冶》

园林的营造兴建在明代已经是非常普遍的现象，今天最为著名的江南私家园林大多兴建于明代。在当时园林艺术兴盛的背景下，吴江人计成总结当时的园林营造技术，编著了《园冶》。

《园冶》归纳总结了中国古典园林营造的精髓："虽由人作，宛自天开""巧于因借，精在体宜"。家具作为中国园林建筑密不可分的一部分，在体现"幽、雅、闲"意境的同时，还需要营造出"天然之趣"。通过《园冶》，我们能深刻体会到文人士大夫阶层的审美意趣对于明代家具的深刻影响。

《鲁班经匠家镜》

我国古代关于建筑的专门文献并不多，明代有关家具制作尺寸和方法的书籍，《鲁班经匠家镜》应该是唯一一本。早期刻本为《鲁班营造法式》，主要记录的是明代我国南方地区民间大木作（木构建筑）的营造方式方法，还包括相宅、选择方位、选择各工序开工的黄道吉日、营造过程中的禁忌等内容。作为我国仅存的民间木工营造手册，难能可贵的是万历时期增订为《鲁班经匠家镜》，加入了关于家具的条款，书中除了对明代各种大小家具做了记录，还进行了分类，并详细地记录了家具制作的选材、尺寸、榫卯结构方式等。

如关于交椅的录文："做椅先看好光梗木头及节次用，解开要干，枋才下手做。其柱子一寸大，前脚二尺一寸高，后脚二尺九寸三分高。盘子深一尺二寸六分，阔一尺六寸七分，厚一寸一分。屏上五寸大，下六寸大，前花牙一寸五分大，四分厚，大小长短依此格。"[1]

如关于香几式的录文："凡佐香几，要看人家屋大小若何。而大者，上层三寸高，二层三寸五分高，三层脚一尺三寸长。先用六寸大，后做一寸四分大。下层五寸高。下车脚一寸五分厚，合角花牙五寸三分大，上层栏杆仔三寸二分高，方圆做五分大，

---

[1] 陈耀东.《鲁班经匠家镜》研究——叩开鲁班的大门 [M]. 北京：中国建筑工业出版社，2010：75.

余看长短大小而行。"[1]

《鲁班经匠家镜》是我们了解明代家具非常重要的著作。

《天工开物》

《天工开物》被誉为"中国 17 世纪的工艺百科全书",记录了明代手工业生产的方方面面。书中虽然没有直接地出现和家具相关的记载,但书中《冶铸》《锤锻》《丹青》等部分记录的行业都与家具生产息息相关,如《锤锻》中就有关于木工工具的记载:"长者刮木,短者截木,齿最细者截竹。齿钝之时,频加锉锐而后使之。""凡健刀斧皆嵌钢、包钢,整齐而后入水淬之。其快利则又在砺石成功也。"

四、明代文人阶层对家具发展的影响

明朝发达的商品经济使得社会积累了大量的财富,庞大的富裕阶层为明代私家园林的发展奠定了坚实的经济基础。自南北朝开始,中国的经济中心就开始逐渐地南移,到了宋代,文化中心也经历了由北到南的变动。明代,江浙地区尤其是以长三角太湖流域为中心,人文之盛已经远非北方可比。明代全国共产生约 2.46 万个进士,其中浙江有 3697 名进士,位居第一。明代的文魁,南直隶和浙江占了将近一半,可见江南地区文风之盛。以至于出现了明仁宗洪熙年间,北方籍大臣呼吁教育公平,要求科举考试南北兼取的情况。"科举取士,须南北兼取。南人虽善文词,而北人厚重。比累科所选,北方仅得什一,非公天下之道。"[2] 著名学者何炳棣先生在其著作《明清社会史论》中认为,明代前期精英阶层的社会流动率极高,即使是近代西方

---

[1] 陈耀东.《鲁班经匠家镜》研究——叩开鲁班的大门 [M]. 北京:中国建筑工业出版社,2010:82.

[2] 相关内容源自《明仁宗实录》洪熙元年四月十一日条。

社会精英的社会流动率也难以超越。文人士大夫阶层的审美意趣就在这样的环境下，潜移默化地在各个阶层中得到了顺利普及，刺激社会审美水平的提升。

明朝不同时期的政治环境会有很大的差异性，政治生态环境的恶化使得大量的文人辞官回乡，陶渊明归园田居、寄情山水的思想，也就随着文人士大夫的返乡回到了江南，这也就使得明朝城市化进程中出现了乡居化的特点。据《苏州府志》记载，明朝时期苏州总共建造了271处园林，这些园林的兴建主要有两个时期：一个是成化、弘治、正德时期，一个是嘉靖、万历时期。明朝中晚期，也就是嘉靖、万历时期，园林兴建的规模浩大，当时很多著名的文人都积极地参与其中，例如文徵明就参与了拙政园的设计建造，并在拙政园建成后依旧是常客，还专门绘制了《拙政园三十一景图》。明代私家园林大肆兴建的过程中，如何更好地追求"雪满山中高士卧，月明林下美人来"[1]的精神境界，成为园林主人、设计者、建造者所要思考的问题。家具作为园林中必不可少的一部分，也自然是被考量的一部分。明朝文人撰写和文玩、家具相关的论著，已经成为一种社会风气，其他任何一个时代都无法与之匹敌。

文人积极参与到园林及家环境的营造中，使得明代出现了生活由世俗化向艺术化的转变。关于文人士大夫的艺术喜好，我们往往会简单地归纳为"雅"，有"雅"自然就有"俗"，"俗"所对应的往往是农、工、商阶层的审美喜好。随着各阶层间的频繁往来，阶层间的隔阂被打破，"雅""俗"之间的界限也出现了微妙的变化。明代江浙地区的文人士大夫的雅好，逐渐地成为社会的审美趋势，"天真朴实"逐渐地成为非常重要的审美

---

[1] 相关内容源自高启《梅花九首》。

标准。审美喜好转变的很大原因是明代有大量的文人积极地参与工艺美术产品的设计和生产，以求在理想家环境的营造过程中体现出自身阶层的审美意趣。文人的这一"雅趣"极大地提高了江浙地区手工艺制品的制作精细程度和审美水平。明代参与到手工业制品生产的文人中，比较有名的有以下几位：

张涟（1587—约 1671），字（或号）南垣。松江华亭人，后迁嘉兴，又称嘉兴人，钟情于堆山叠石，在堆叠之中强调"意境"的表达，把对山水画的体会融入园林的营造之中，不少文人的庄园都有其参与设计，张南垣造园叠林的作品，有确切记载的共有十余处，如嘉兴徐必达的汉槎楼，松江李逢申的横云山庄，太仓王时敏的乐郊园、南园、西田，太仓吴伟业的梅村，太仓钱增的天藻园，太仓郁静岩斋前的叠石，常熟钱谦益的拂水山庄，吴县席本桢的东园，嘉定赵洪范的南园等。

屠隆（1543—1605），明代文学家，进士，他关于家具的代表作是《考槃余事》，此书重点讲的是室内文玩器物与明朝家具的搭配，可以称得上是早期的"中国古典家具室内设计指南"。

李渔（1611—1680），明末清初文学家、戏曲家、戏剧理论家、美学家，素有才子之誉，世称"李十郎"。李渔除喜欢写戏曲外，对家具也颇有研究，代表作品是《闲情偶寄》[1]。书中有他自己设计"凉杌""暖椅"的记载："予冬月著书，身则畏寒，砚则苦冻，欲多设盆炭，使满室俱温，非止所费不赀，且几案易于生尘，不终日而成灰烬世界。若止设大小二炉以温手足，则厚于四肢而薄于诸体，是一身而自分冬夏，并耳目心思，亦可自号孤臣孽子矣。计万全而筹尽适，此暖椅之制所由来也。制法列图于后。一物而充数物之用，所利于人者，不止御寒而

---

[1] 李渔. 闲情偶寄 [M]. 北京：中华书局，2018.

已也。"此外，李渔还提到了他设计床帐的四个理念，即"床令生花、帐使有骨、帐宜加锁、床要着裙"，对于家具的设计和改造，他可以称为是一等一的好手。书中从名士的角度发表了大量有关家具摆放和审美的论述，是世俗生活新的文艺形式的逻辑延伸，也是生活美学思想的充分体现。

五、明朝时期的家具

明代是中国家具发展的顶峰，今天我们熟悉的众多传统家具都是在明代定型。明代家具的数量和种类都远超其他朝代，在明代唐寅临摹的《韩熙载夜宴图》中就新增绘了 20 余件家具。我国古代一直有陪葬的习俗，明代苏州虎丘王锡爵墓出土了大量的家具明器。此墓开启时，大量的家具明器整齐地放置于椁上，对于我们了解明代的家具陈设方式有极大的帮助。我们对于明代家具的了解除通过图像资料外，还可以通过明确带有年款的家具遗存。王世襄先生对于明式家具的评价是"简练、淳朴、厚拙、凝重、雄伟、圆浑、沉穆、浓华、文绮、妍秀、劲挺、柔婉、空灵、玲珑、典雅、清新"。明式家具以苏作最具代表性，"明式家具（苏作）制作技艺"于 2006 年入选第一批国家级非物质文化遗产名录。

明代家具可分为以下几类：床、榻类；凳、椅类；桌、案、几类；架格、柜、箱橱类；其他类。

（一）床、榻类

明代的床一般较宽大，主要流行样式有架子床、拔步床和罗汉床。

1. 架子床

架子床是明代非常流行的一种床，通常有四柱或六柱两种，工艺精巧，装饰精美。四柱指的是在床的四角有立柱，六柱是除四角外在正面也有两根柱子。无论是四柱还是六柱，柱子上端均承有床顶，顶下一般会有挂檐，也被称为横楣子，因其结构形式是框架式，故得名架子床。这种床具有良好的私密性和安全感。

架子床的种类繁多，除了普通的（只带挂檐和三面矮围子），还有很多复杂的架子床，如月洞式架子床、带门围子架子床、带脚踏式架子床等。复杂的床一般会用到大量的雕工，其对围子、牙板、挂檐等部位进行装饰。装饰内容一般是传统的吉祥图案，如麒麟送子、双龙戏珠、双凤朝阳、四簇云纹、浮雕花鸟纹、草龙纹及缠枝花纹等，以营造端庄秀丽、玲珑剔透的视觉效果。

2. 拔步床

拔步床又被称为"踏步床""八步床"，在《鲁班经匠家镜》中将其称为"大床"。拔步床相较于架子床体形庞大，是工艺精湛、结构复杂的大型家具，具有功能完善、装饰华丽等特点。拔步床一般由脚踏和床两部分组成，可分为前廊和后床。

前廊：又称"围廊"或"碧纱橱"，通常进深为 80 ～ 120 厘米，是拔步床最具代表性的部分。前廊相当于一个小的起居空间，方便使用者的日常起居。在这个空间中一般会放置条桌、椅、凳，桌上可放置灯盏、水壶、茶碗、妆奁，地上放置马桶、净盆、衣笼等。前廊是一个围合空间，所以一般会有罩檐、隔扇板、栏杆等构件，这些构件也是装饰的主要部位。一般精致的拔步床在这些部位都会选择满工装饰，因为耗时耗力，所以也被称为"万工床"。前廊一般会设置底足，高于地面安置踏板，又称地平，起到防潮防湿的作用。

后床：几乎是一件完整的架子床，也称为"眠床"。

前廊和后床可以是独立的两部分组合在一起，也有将前廊的木垫板向后延伸将整个架子床置于垫板之上的做法。

3. 罗汉床

罗汉床是北方民间的叫法，在文献中没有记录，严格来说是一种带有围屏的榻，在汉代就已出现，一般为四足，有带束腰的和不带束腰的两种样式。在明清时期，罗汉床成为一种非常流行的家具，广泛应用于宫廷和民间。王世襄先生认为，"很可能罗汉床之名，是用来区别围子间有立柱的架子床的"[1]。根据罗汉床围屏的样式，可分为三屏风式、五屏风式、七屏风式等，围子的工艺，包括独板、攒边装板、攒接、斗簇等。罗汉床可素雅可奢华。素雅的罗汉床，一般采用独板围屏，不做什么装饰，以器形取胜；奢华的则会大量使用雕刻、螺钿、百宝嵌等工艺。

（二）凳、椅类

1. 杌凳

"杌"字在《玉篇》[2]中的意思是"树无枝也"。杌子一词出自《宋史·丁谓传》，解释为没有靠背的小凳子。在古代，杌子是一种常见的坐具，形状很多，包括圆杌、方杌、交杌等。杌子和其他家具一样可以用有无束腰进行区分。采用交足的杌凳叫交杌，俗称"马扎"，"扎"也可写作"刹"。交杌可以折叠、便于携带，一般被认为是古代的胡床。制作杌凳的材质丰富，从柴木到黄花梨木都有。明代比较考究的交杌用黄花梨木制作杌身，配以精细的雕工、精美的金属配件，杌面则采用丝绒等织物。

---

[1] 王世襄. 明式家具研究 [M]. 北京：生活·读书·新知三联书店，2007：152.

[2]《玉篇》是我国第一部按部首编排的楷书字典，南朝梁大同九年（543 年）黄门侍郎兼太学博士顾野王撰。

2. 长凳

长凳指窄长没有靠背的坐具，也叫条凳、春凳，俗称板凳、门凳。

长凳的材质一般是柴木，尺寸非常丰富，长短宽窄一般会根据需求制作。面板较宽厚的被称为大条凳，除可以坐人外也可承物，南方农村还用其作为杀猪时的承具，故也被称为"杀猪凳"。清代匠作《则例》中还记载有春凳，其尺寸是长五六尺，宽逾二尺。

3. 椅

椅子自唐代出现，在宋代基本定型，到了明代，椅子的样式和制作工艺都已非常成熟。明代的椅子可以分为靠背椅、扶手椅、圈椅、交椅等。

靠背椅：只有靠背没有扶手的椅子，明清时期最为常见的椅子。我们可以根据靠背的式样对此类家具进行分类。明代靠背椅的靠背都会有标志性的结构：两根立柱、一根横枨。横枨也被称为"搭脑"。搭脑出头的被称为"灯挂椅"[1]，不出头的叫"一统碑"。靠背造型也有两种样式：一种靠背较高，靠背板位于搭脑正中，由木板制成，这种样式最为常见，靠背板有笔直的，也有根据人体工学制作的带有一定弧度的；另一种用直枨制作靠背，被称作"木梳背"椅子。

扶手椅：既有靠背又有扶手的椅子，可以分为"官帽椅"和"玫瑰椅"两类。官帽椅也叫作"四出头官帽椅"。"四出头"指的是靠背和扶手的横枨长度超过柱。从侧面来看，官帽椅的整体造型与明代的官帽有几分相似，靠背搭脑出头的造型类似于明代官帽两边的圆翅展脚（俗称"纱帽翅"），由此得名官帽椅。

---

[1] 灯挂椅在清代匠作《圆明园则例·方壶胜境续添家具》条款中也被称为"美人肩"椅子。

玫瑰椅在江浙地区被称为"文椅"，其特点是椅背较矮，椅背、扶手与椅子座面垂直相交。玫瑰椅一般用材单细，材质多为黄花梨木、鸡翅木、铁梨木等硬木，也有用紫檀木制作的，但相对较少，整体造型灵巧美观，轻便雅致。

搭脑

靠背板

扶手
联邦棍

矮老
罗锅枨

●明式官帽椅

　　圈椅：因其靠背像一个圈而得名，明《三才图会》[1] 则称之为"圆椅"。圈椅座面一般为方形，椅背连着扶手呈大圆弧状，从高到低一顺而下，大多扶手出头，靠背木板多制成符合人体工学的弧度，这种设计不仅使造型丰满劲健、圆婉优美，还可以使坐入时臂、膀、肘、手等部位都能有所依托，极大地提升了舒适度。圈椅在设计上契合了中国"天圆地方"的思想，是中华民族独具特色的椅子样式之一。圈椅的材质多为硬木，用竹子或柳木制作的圈椅也非常常见。圈椅靠背的大圆弧状是依

[1]《三才图会》刻成于明万历年间，是由明代王圻、王思义父子共同编纂的百科式图录类书。

靠榫卯结合而成，所用榫卯是极为巧妙的"楔钉榫"，根据结合的木材的数量有"三圈""五圈"之说。

交椅：下身椅足呈交叉状，可以折叠，便于携带和移动，多是在行军打仗、外出游玩打猎时供身份地位高者使用的坐具，《三才图会》名之为"折叠椅"。明代交椅有直后背和圆后背两种，圆后背交椅的造型尤其显得气势凛然，因此也多设在正屋中堂，"第一把交椅"的说法由此而来。

（三）桌、案、几类

桌、案、几在宋代章节就已经介绍过，只是苦于没有实物留存。到了明代，有了相当丰富的实物遗存，我们也可以根据这些实物对这一类家具进行更准确的分类。明代桌、案、几可以从两方面进行界定：

承面大小：面板的长宽比以 2 ∶ 1 为界，在此比例内为桌，超过此比例的一般称为案，因此案一般是长方形或长条形，不可能出现正方形的案。桌的尺寸比几大，一般为多人共同使用。几一般专门承物或供一到两人使用。

腿足数量及位置：腿足安装在四角处为桌；腿足缩进面板内安装，离四角较远的为案。桌和案为四足，几足的数量不定，从两足到六足的几都有。

桌

明代按照桌子的用途可分为以下几类：

1. 画桌、书桌：这类家具主要是为了绘画、书写而设，因为挥毫泼墨最好站立，所以画桌下一般都非常的宽敞，没有抽屉等遮挡物；同类产品，在桌面下有抽屉的为书桌。因绘画需要展开纸张，所以画桌的尺寸都比较的大。因这类家具必为文人之物，所以做工、装饰都比较的考究。浙江省博物馆收藏的四面平加浮雕画桌，流传有序，是非常精美的画桌。

2. 酒桌：五代、北宋时期就已出现，为用于酒宴的小桌子，在《韩熙载夜宴图》等绘画作品中都有出现。因为生活方式的改变，原有的低案不能满足高足生活方式需要，所以将案足加高，酒桌由此变形而来，类似于今天的"茶几"。酒桌的特点是在桌面边缘常有拦水线，用于阻挡酒肴倾洒。

3. 棋桌：人们用以弈棋的桌子，在明代非常流行。其做法是在活动桌面下专门设置夹层暗屉，常将棋盘、棋子、纸牌等藏于其中。需要对弈时拿去桌面，不用时盖上。棋桌的大小、样式各异，酒桌式、半桌式、方桌式都有。

4. 琴桌：在弹奏古琴时放置古琴的小桌子，在宋代就已出现，最有名的是宋徽宗赵佶《听琴图》中绘制的琴桌。宋人赵希鹄在《洞天清录》中记载了琴桌的材质："琴案须作维摩样，庶案脚下不碍人膝。连面高二尺八寸，可入膝于案下，而身向前。宜石面为第一，次用坚木。厚为面，再三加灰，漆亦令厚，四脚令壮。更平不假玷扱，则与石案无异。永州石案面固佳，然太薄，板须厚一寸半许，乃佳。若用木面，须二寸以上，若得大柏、大枣木，不用胶合，而以漆合之，尤妙。"对于琴桌桌面材质如此详细的记载，其实是出于对音色的需要，琴桌一般高度在 70 厘米左右，底部会专门另镶挡板，目的是在弹琴时使琴音与桌面下空间产生共鸣，提高音色效果。

明代琴桌大体沿用古制，琴桌的面材多是石材，如玛瑙石、南阳石、永石等，也有采用厚木面的。故宫博物院收藏的红漆雕填戗金琴桌，桌面下带束腰，拱肩直腿，内翻马蹄足，壶门式牙板与腿交圈。通体红漆作地，采用雕填、戗金手法装饰各种纹样。此琴桌整体造型美观华丽、富丽典雅，是明万历时期的艺术佳作。

按照桌子的样式可分为有束腰和无束腰两种形式。

按照桌面的形状可分为以下几类：

1. 方桌：顾名思义，桌面为方形的桌子，按其大小、可以坐的人数的不同，可分为四仙桌、六仙桌、八仙桌等。

2. 半桌：当八仙桌不够用时，多用其来拼接，所以造型与八仙桌类似，大小是方形八仙桌的一半，也可在人少时单独使用。

3. 半圆桌：也叫"月牙桌"，一般靠墙摆放，当有需要的时候可以将两张造型一样的半圆桌拼合成一张圆桌使用。

案

明代的案的样式很多。根据案面两端是否起翘可分为翘头案和平头案；根据腿足与牙子的榫卯结合方式可分为夹头榫、插肩榫；案足是否安装托子、足间是否有管脚枨、四足是否着地也可作为划分的方式。中国传统家具的命名多是根据家具的结构件样式而来。

桌面
云纹牙头
枨子
桌腿

●明式平头案

几

香几是专门用来陈放香炉的家具。唐宋以后的古代中国，高足的香几是富贵人家书房卧室的常见的家具，是讲究生活品质的体现。《燕闲清赏笺》[1] 云："书室中香几之制有二，高者二尺八寸，几面或大理石、岐阳玛瑙等石，或以豆瓣楠镶心，或四入角，或方，或梅花，或葵花，或慈菰，或圆为式，或漆，或水磨诸木成造者，用以搁蒲石，或单玩美石，或置香橼盘，或置花尊，以插多花。或单置一炉焚香，此高几也。"正如古籍所说，今天遗存下来的明代香几做工都非常的考究。香几有高有矮，有圆有方，多置于厅堂、中庭，设置时四面多无依傍，这就需要香几在任何方向观看都有较好的观赏效果，所以香几以圆形或海棠形等委婉体圆、饱满多姿的造型较佳。明代的圆形香几，有三足、五足等式样，腿足多为三弯腿，弯曲弧度较大，造型优美，线条流畅，给人一种优雅、精致的感觉。

（四）架格、柜、箱橱类

1. 架格：以四根立木为四足，四足间加横枨、顺枨，再架木板将空间分割成几层。架格可以用于存放书籍、装饰品等各种物品，也被称为"书架""书格"。架格的高度一般为五六尺，与成人高度相仿，便于拿取和观赏，具有很强的实用性和便利性。明代架格最基本的样式是：无任何装饰，以外形和材质取胜，架格四面全敞开。在此基础上就演变出了各式的架格，如在格板三面装有栏杆装饰，增加背板，将后背做成镂空花纹，将隔板做成抽屉。为了提高承重性能，将架足做成几腿式，在框架

---

[1]《燕闲清赏笺》是《遵生八笺》中的第五笺，为明代高濂所撰。高濂，字深甫，号瑞南道人，又号湖上桃花渔，明代著名戏曲家、藏书家、养生学家。

间增加壶门牙条，对立柱、枨条、背板进行髹漆、螺钿、戗金装饰等。

2. 饭橱：将架格的背板保留，其余三面用直棂或寸许见方的透棂进行装饰。这类家具介于架格和柜子之间，在北京俗称"气死猫"，在江南地区被称为"饭橱""碗橱"。

3. 亮格柜：是架格和柜子结合的家具。架格的上部格子正好是成人的视点，人们很好地利用了这一特性，使上部的一层或两层保留架格的特点，设计为亮格，用于摆放文玩、艺术品；下部则做成封闭的储物柜，这种设计兼具了陈设和储存的功能，在今天的家具设计中依旧非常的常见。

上部亮格和中部柜子连为一体，最下部为独立矮几，这种组合柜也被称为"万历柜"。

4. 圆角柜：是明式家具最典型的式样之一。其最典型的造型特点是柜顶前、左、右三面有小檐突出，也被称为"柜帽"。柜帽的设计可以方便凿眼做臼窝，安装门轴。工匠们一般会将柜帽的转角削成圆角，该柜也因此得名"圆角柜"。圆角柜一般有明显的侧脚，底枨下一般会装饰牙条。圆角柜有有无闩杆[1]之分，无闩杆的被称为"硬挤门"。圆角柜的框架结构可以使柜门下沿到底枨之间有一点空间，有的师傅会将其利用起来做成收藏贵重物品的空间，被称为"柜膛"，也可不设。

圆角柜以小型和中型的居多。

5. 方角柜：四脚垂直，无侧脚，各脚与各横枨、顺枨之间都保持直角。顶部无柜帽、四面平齐，因四角见方而得名。柜门用金属合页安装在腿足上。柜内也可设闩杆和柜膛。方角柜有大、中、小各种尺寸：小的一米多高，多用于炕上，俗称"炕

---

[1] 闩杆：两门之间的立柱。

柜"；中型的高度在 2 米左右；大型方角柜都在 3 米以上，可分为上下两层，下部大柜脚叫"立柜""竖柜"，上部较小的叫"顶柜"，合起来称为"顶箱立柜"。

（五）其他类

1. 衣架：古人睡觉前用来搭衣服的架子，一般放置于床头。衣架由两根立柱和数根横枨以及能起到稳定作用的站牙、座墩组成。两个座墩间可以安装由横直材做成的棂格，用于放鞋。衣架没有挂钩，用于搭衣服。衣架的横枨之间经常会用透雕、棂格做装饰，也叫作"中牌子"。

2. 巾架、脸盆架：用于放置脸盆、毛巾等洗漱用具的家具，有的可以折叠。腿的形状有直、弯两种，足的数量有三足、四足、六足不等。脸盆架直足的上端一般会做雕刻装饰，雕刻内容有净瓶头、莲花头、坐狮等。巾架的形式与衣架类似，因只用于挂毛巾，所以立柱间的距离较近，一般放在脸盆架后边。

第九节　清朝时期的家具

清朝是中国最后一个封建王朝，从 1644 年多尔衮率清兵入关、明朝灭亡，清朝共经历了 268 年，最终于 1912 年灭亡。

一、清代的社会面貌

清朝的发展过程可以分为初期、中期、晚期三个阶段，其中清中期是最为重要的时期，历经了康雍乾三朝，是中国封建王朝阶段最后一个盛世。清朝在康熙时期最终完成了对全国的统一，这一时期土地增垦，农业生产得到恢复，物产盈丰，手工业和商业都得到了一定的发展，到乾隆时期社会繁荣稳定，综合国力强盛。清朝政府废除人丁税、以土地作为征税标准，极大刺激了人口增长，现在普遍认为到清乾隆晚期全国人口就突破了3亿。庞大的人口基数意味着庞大的市场，清政府依靠南方以长江、珠江为干线的水路交通网，北方以北京、包头为中心的陆路交通网，以及连通南北的京杭大运河，充分保证了南北方物资的流动，如四川的蜀锦、河南的棉花、松江的布匹、江宁的丝绸、佛山的铁器、两淮的海盐、景德镇的瓷器、闽浙的茶叶、福建的蓝靛等都可以在全国范围内流通。发达的商品贸易，使得清中期财政非常富裕，根据钱穆先生在《国史大纲》中对于清政府户部存银的记载，即"康熙六十一年，户部库存八百余万，雍正间，积至六千余万，自西北两路用兵，动支大半，乾隆初，部库不过二千四百余万，及新疆开辟，动帑三千余万，而户库反积存七千余万，及四十一年，两金川用兵，币帑七千余万，然是年诏称库帑仍存六千余万，四十六年诏，又增至七千八百万，且普免天下钱粮四次……而五十一年之诏，仍存七千余万，又逾九年归政，其数如前"，可见乾隆时期财政的丰盈，国库常年存银七千万两，社会的富裕程度远超历代。庞大的人口、发达的手工业、富裕的社会，表明当时的中国早已具备了发展资本主义经济，进行工业革命的基础。但受到小农经济和封建思想的禁锢，中国的资本主义经济发展缓慢。

清朝是由游牧民族建立的王朝，游牧文明与农耕文明在思想文化上的巨大差异为清政府的统治带来了极大的不确定性。清政府为了维持统治，在整体沿袭农耕文明的基础上积极地植入游牧文化。为了加强思想文化控制，清朝在建立之初就一直存在文字狱的现象，到乾隆时期更是大兴文字狱。据统计，清朝中前期顺治帝施文字狱7次，康熙帝施文字狱20多次，雍正帝施文字狱20多次，乾隆帝施文字狱130多次。大量的文字狱摧残了人才，禁锢了思想，造成了社会恐慌，严重阻碍了中国社会的发展与进步。到了清中后期，西方文化思想的传入为清王朝带来了新的可能性，不过清王朝对其也只是简单地融合、吸纳了审美观念，并没有引发深层次的文化融合。对文化的破坏和思想的禁锢，使得清王朝在思想、文化、科技、社会等各领域故步自封，缺乏深入的思考和探索，错过了进行社会变革和发展资本主义的最佳时期，逐渐地落后于西方世界，最终走向消亡。

清朝时期各地区的特色产品可以经商路遍销全国及世界各地，逐渐地形成了十大商帮，其中晋商、徽商支配着中国的金融业，而闽商和潮商则掌握着海外贸易。发达的商贸使得民间积累了大量的财富，也使得家具需求激增。康熙二十三年，清政府开放海禁，允许沿海居民出海经商，并准许商人和专职官员建立"公行"对进出口商品进行垄断销售管理，方便获得税收。康熙二十四年，撤销全部市舶司，改为建立海关。到雍正时期，海禁进一步开放，并在西北地区也建立了外贸管理机构。一系列对外开放政策，使得东西方的交流再次变得频繁。西方的手工业工艺和审美理念，随着使节、传教士和贸易商人的到来而传入中国，对清代手工业的发展和清中后期的审美转变产生了一定的影响。乾隆皇帝主持建造的圆明园就融合了中国传统园林艺术、中国古典建筑和欧洲古典建筑的风格。这种影响不仅仅体现在皇家建筑中，也体现在东南沿海地区众多的中西混合式建筑中，审美意识的转变也体现在了与之配套的家具中。

庞大的市场需求、丰富的物质资源，使得清中期的工艺美术获得了前所未有的发展机遇。清朝在陶瓷、玉器、漆器、彩塑、竹木牙石雕刻、金属、染织等各种工艺美术门类都有了一定发展和进步。单纯从手工业制品的数量和技术而言，清代是中国工艺美术的集大成时期。当然，家具的发展亦是如此，但由于没有形成自己完整的文化哲学体系，清代手工艺在文化表达领域一直处于缺乏引导的状态，更多的是自发的学习借鉴，没有真正的突破发展。清代家具虽然在清朝中后期有所发展，形成了自己的风格，但审美水平整体不高。

二、清代家具的发展

清代家具的发展可以分为三个时期。

清初到康熙前期：这一时期因为巨大的文化的差异与缺失，家具样式和工艺基本都是明朝的延续。在王世襄先生的《明式家具研究》一书中把清朝的家具分为了三类，具有明式风格的家具被统称为明式家具，并对其进行了详细的介绍。这一时期的家具自然应该归为明式家具。

清朝中期：随着"清盛世"的到来，社会对于家具的需求量快速增加，加之社会的长期稳定，思想、文化得到了一定的发展和融合，家具在生产规模和制作样式上都得到了发展的空间。清代家具在这个时期一改明式家具清新节约、优美疏朗的风格，发展出了自己的特色，可以被称为"清式家具"。各种材料和手工艺的混合使用是清式家具最为突出的特点之一。清中期丰盈的社会物资和庞大的手工业群体，为各种材料、各种工艺结合奠定了基础。出于体现富贵、对阔绰奢华的追求，这一时期的高档家具除采用珍贵木材外，还会使用很多其他珍贵材料与之进行混合搭配制作，如象牙、玉石、大理石等。这一时期的家具还会经常使用满工的技艺，即家具通体除雕刻外还会采用描金、螺钿镶嵌等工艺进行装饰。繁复的雕刻必须要有空间才能完成，为此清式家具的用料都比较厚重，尺寸都比较大。加大加厚的家具尺寸不仅可以增加珍贵材料的使用量，显得更加奢华富贵，也可以让家具显得更加豪迈、沉稳、浑厚，体现出游牧民族粗犷的气概。清式家具表面的雕刻装饰内容主要是中华传统文化中的吉祥图案纹样，蕴藏着美好的寓意和期盼。乾隆时期，随着西方文化的传入和出口需求的增加，广东等相对开放的地区出现了新的文化融合趋势，洛可可风格所追求的女性曲线美更多地出现在了广州所生产的家具造型中。加上皇家的推波助澜，社会潮流逐渐发生变化，家具中开始大量采用西方传入的"西番莲"、兽首、兽腿等西式纹样元素。清式家具和洛可可风格家具对繁复的装饰有着共同的追求，这也契合了清朝贵族阶层对于繁复装饰的审美需求。清式家具样式是清王朝民族文化融合的产物，这一时期的家具整体给人一种繁复堆砌的感觉。

清晚期：随着国力的衰退以及多次战争失败的打击，社会经济状况逐渐恶化，日渐凋零。清晚期的家具在材质、做工上都呈现出快速衰退的趋势，大不如前。

三、清代家具的生产制作中心

清朝小农经济快速发展，很多地区都发展出了具有自己地方特色的地域经济，形成了一些具有特点的家具产品和制作中心，包括浙江宁波的骨嵌家具、山东潍坊的银丝家具、晋作家具、广作家具、苏作家具、京作家具等。其中最具有特色的是广作家具（豪广）、苏作家具（文苏）、京作家具（奢京）。

（一）广作家具

广州被誉为"千年商都"，自秦汉起至明清2000多年间，一直是中国对外贸易的重要港口城市。明清两代"时开时禁"的外贸政策很多都倚重广州展开，这使得广州成为明清时期最为重要的对外商品生产中心和集散中心。到嘉靖元年，"广州几垄断西南海之航线,西洋海舶常泊广州"[1]。康熙二十三年（1684年）开放海禁后，西方大量的传教士随商船到来，除了传播宗教，也带来了科学技术和美学观念。1757年，乾隆皇帝宣布撤销沿海海关，只保留广东粤海关，只允许粤海关下辖的广州十三行 [2] 对外经商贸易，使得广州成为清王朝唯一合法的外贸特区。当时南洋大量的优质木材、香料，欧洲的绘画、金工、珐琅、玻璃等制品以及其制作工艺都必须通过十三行进入中国，再进贡或流向各地。十三行街区包括十三行夷馆和十三行商馆，是重要的西洋宫廷匠师的人才基地，其中夷馆是供洋人生活居住的地方。意大利画师郎世宁、德国天文学家戴进贤等就是经十三行进入宫廷供职的。

　　大量频繁的对外垄断贸易使得广州经济繁荣、人文荟萃，成为重要的东西方文化交汇之地。广州濠江地区的濠畔街与十三行街区隔江相望，是广州最为重要的手工业聚集地，也是广式硬木家具的生产制作中心。明末清初的屈大均在《广东新语》里是这样记载的："当盛平时，香珠犀象如山，花鸟如海，番夷辐辏，日费数千万金。饮食之盛，歌舞之多，过于秦淮数倍。"到了对外贸易锁定粤海关之后，当时还有这样的诗句流传："广州城郭天下雄，岛夷鳞次居其中。香珠银钱堆满市，火布羽缎哆哪绒。碧眼蕃官占楼住，红毛鬼子经年寓。濠畔街连西角楼，洋货如山纷杂处。"可见当时广州对外贸易的繁华以及制造业的兴旺，家具作坊与其他相关的手工作坊如象牙雕刻、玉石雕刻、

---

[1] 相关内容源自清代旅行家、航海家谢清高在《海录》一书中所记。

[2] 广州十三行于1686年成立，是中国历史上最早的官方外贸专业团体，特许经营进出口贸易，是具有半官半商性质的外贸垄断组织。自1757年开始，中国与世界的贸易全部聚集于此，被誉为"金山珠海，天子南库"。到鸦片战争结束，这个洋货行独揽中国外贸长达85年。

五金、座钟、刺绣、皮料及金银制作等作坊，聚集一地、相互依存、互利互惠。各种技艺的相互融合，再加上西方文化技艺的融入，使得广州不仅具有家具制造的材料优势，还具备了文化优势和技术优势。

清代中叶，统治者沉醉于闲情雅兴，在北京大兴土木，营造皇家园林，对各类家具都有着巨大的需求。清代大型园林最为有名的是始建于康熙年间，被称为"万园之园"的圆明园，该园由圆明园、绮春园、长春园组成，因圆明园最大，故统称圆明园（或圆明三园）。乾隆皇帝即位后圆明园得到了快速扩建，经过前后 150 余年的建设积累，圆明园成为占地 350 多公顷（1公顷 =0.01 平方千米），其中水面面积约 140 公顷的大型皇家园林。其中内外名胜 40 景，大型建筑物 145 处，不仅汇集了众多江南名园胜景，还兴建了大量西方园林建筑，如海晏堂、远瀛观等。圆明园集当时古今中外造园艺术之大成，堪称人类文化的宝库之一，是当时世界上最大的一座博物馆。东西合璧的园林建筑，对于建筑内部装饰和陈设装潢以及园林景观家具都提出了特殊的需求。家具的式样在传统的基础上必须兼顾东西，才能融入环境，更好地烘托环境氛围，起到点缀作用。当时内务府的清档记载中有大量有关中西合璧家具的记录，如："催长四德、笔帖式五德来说，太监胡世杰交紫檀木边西洋玻璃插屏一对（长春书室换下），传旨：将牙子收拾好，交圆明园摆水法殿，钦此。"[1]

皇家对于西洋风格的喜好，使得社会上出现了一股空前的"西洋热"，当时广州的商业机构建筑已大都模仿西洋形式，官府、民居的楼房也争相效仿，与建筑相配套的新式家具也就成为热销产品。皇家官方和地方民间的大量需求让广式家具在传统文

[1] 中国第一历史档案馆 . 清代档案史料——圆明园（下册）[M]. 上海：上海古籍出版社，1991：1444.

化与外来文化的碰撞之中逐渐地找到了平衡点，形成了时代所需要的中西合璧的新款式，确立了自己的特色。

广式家具及其工艺在全国的扩散起源于广作工匠进入宫廷。雍正七年（1729 年），广作匠人霍五等与苏作匠人佘节公等，由粤海关监督年希尧送入造办处。两派木匠在人事与技术上分庭较量，出现了苏粤共处、营垒分明的格局。乾隆元年（1736 年），内务府造办处正式成立了"广木作"。乾隆二十年（1755 年）记事录："（八月）初四日……粤海关在案，今粤海关李永标送到广木匠王常存、朱湛端、冯根德……等五名，查从前送到广木匠冯国枢照，现有广木匠林彩等四名……"从上述档案可知，当时清代内务府造办处征集来自广东地区的优质工匠为清代皇家打造家具已经常态化。广木匠人在内廷服务的人数少则四五人，多则八九人。在乾隆帝的直接倡导和大力扶持下，广式家具逐渐从一个地方流派，发展到取代垄断木器工艺数百年的苏式家具的地位，成为清代皇家家具的主要样式，由此也成为牵动全国的一个主流派别。到了清朝末期，清廷所需的家具仍然交付于民间的广作匠人制作。清朝灭亡后，广东的家具业仍然长盛不衰，今天的广东也是中国乃至世界最重要的家具生产制作中心之一。

今天我们在广东各大博物馆（包括广东省博物馆、广州博物馆、广州十三行博物馆等）、广东的四大名园（顺德清晖园、东莞可园、佛山梁园、番禺余荫山房）以及故宫博物院、颐和园中都能看到保存较为完好的广式家具。

广式家具的用料：用料粗大、体质厚重是广式家具的特点。由于原料来源丰富，广作工匠在制作家具时很讲究用料的统一性[1]。广式家具的选材遵循"工不厌精，料不厌细"的原则，所

---

[1] 用料的统一性是指一件家具不分主次，统一采用一种木材制作，包括抽屉的背板抑或是看不见的部件。

选用的木材除酸枝木、紫檀木、花梨木等名贵木材外，也有铁力木、鸡翅木、楠木、樟木、菠萝格木等。广式家具用料的奢侈主要得益于清政府对外贸易对粤海关的锁定。《清宫内务府造办处档案总汇》卷四十八记载："查得乾隆三十八年四月内，因库贮紫檀木不敷应用，曾经奏明交粤海关监督采买紫檀木六万斤运京，以备应用等。因在案嗣经该监督于乾隆三十九年到四十三年六次，共陆续解交过紫檀木六万斤，俱经按次奏明贮库。"庞大的木材进口量，使得很多清中期的广式家具，可以奢侈到用一整块巨大的紫檀木挖做而成，令人叹为观止。除了家具本身的木材用料，广式家具还比较注重表面的装饰，这种装饰一般是雕刻配合镶嵌完成。镶嵌的材料非常的考究且丰富，涉及了中国传统手工业的众多门类，包括大理石、玉石、螺钿、瓷片、珐琅、金属、玻璃、象牙等。名贵的木材配合各种名贵的镶嵌材料，再加上大量繁复的雕刻，使得广式家具有了"豪广"的俗称。

广式家具的造型：广式家具的造型在一定程度上受到西方法国宫廷洛可可风格[1]影响，大量地使用了曲线元素，在造型上显得更加夸张。以坐式家具为例，清代广作家具的腿部曲线弧度相较明代广作家具普遍更为夸张明显。靠背、扶手等可装饰的部件的造型也更加丰富多样，往往都带有较明显的弧线。此外，广式家具有意识地加大了一些家具的尺寸和材料的厚度，从而获得更多的功能和更厚重凝华的风格，例如将单椅的长度加长，从而变成长椅，类似于后世的沙发。

广式家具的纹饰及雕刻：受到西方文化的影响，广式家具的纹饰大量借鉴了西方家具的雕刻题材，如兽头、兽腿、西番莲等，以西番莲纹饰的运用最为常见。西番莲纹饰通常以一朵

---

[1] 洛可可风格产生于十八世纪法国宫廷，是一种应用于室内装饰及家具设计的艺术样式。路易十五时期（十八世纪中后期）逐渐蔓延到整个欧洲大地。

或几朵花为中心，卷曲状的叶片向四方伸展。在方形器物上，呈二方或四方对称图形；在圆形器物上，其枝叶多作循环式分布，各方纹饰首尾巧妙衔接。此外，传统的夔纹、海水云龙纹、海水江崖纹、云纹、凤纹、螭纹、缠枝纹、折枝花卉纹，以及各种花边等仍然是常见的装饰纹样。广式家具在器物造型、纹饰雕刻等方面呈现出的特点基本都以曲线为主，直线为辅。

清中叶是广式家具雕刻技艺的巅峰时期。就目前所见的清代家具而言，当时的匠师雕刻技术高超、雕工精湛、刀法圆熟。为了体现奢华，往往会在家具表面采用大面积雕刻，且多种雕刻技巧在同一件家具上穿插使用。因大量使用名贵硬木，广式家具一般不用上漆，但会非常注重磨工。精细的磨制工艺不仅使花纹表面莹滑如玉，丝毫不露刀凿痕迹，还可以充分体现硬木本身的质感，摸上去有丝滑的手感。

以现藏于广东省博物馆的酸枝雕龙凤花卉博古大柜为例。此大柜雕饰面积达到了85%以上，平面雕饰、浅浮雕、高浮雕、沉雕、多层镂空等多种雕刻手法穿插使用，充分展现了广式雕工的巅峰技艺。此柜柜顶通雕祥云飞龙和双凤呈祥，双凤位于柜帽两角。大柜四足为高足外翻式三弯腿，腿上雕刻卷草纹、垂花蔓草纹、葡萄纹等中西结合纹样。前牙高浮雕结合镂雕刻百花簇拥牡丹纹样，寓意富贵在前。四柱通雕饱满的老桠分枝梅花。柜门嵌玻璃。此柜造型宏大，用材奢阔，具有典型的西洋家具装饰风格，结合中式传统雕饰纹样，充分体现了广作家具融合中西的特色。

（二）苏作家具

宋元之后，江浙地区一直是经济最为发达、手工业最为密集的地区，到明清时期，江浙地区的经济地位进一步稳固。明崇祯时期，以苏州府为核心的商业网络基本构建完成，当时主要的商路有十二条，除苏州至徽州是陆路以外，其余的十一条都是水路。以京杭大运河为主线的运河水路商贸网，覆盖了太湖流域的大小城市乡镇，打通了江南市场的内部循环。

在太平天国运动之前，苏州一直是清代文化、经济最为发达的工商业城市。康熙时人刘献廷在《广阳杂记》中将当时四个最重要的商业中心城市称为"天下四聚"："北则京师，南则佛山，东则苏州，西则汉口。"其中以苏州最为繁华。康熙时人沈寓说："东南财赋，姑苏最重；东南水利，姑苏最要；东南人士，姑苏最盛。""山海所产之珍奇，外国所通之货贝，四方往来，千万里之商贾，骈肩辐辏。"全国各地的商品、商人汇聚苏州，形成了众多的商贸聚集地和公馆，如枫桥地区汇聚了米豆商号，金阊地区汇聚了棉布绸缎商号，南濠地区汇聚了洋货与药材商号，齐门地区汇聚了木制品商号，等等。乾隆时期苏州城内设立的行业公会、商帮会馆、同乡会馆和游宦公所不下162家，商人们还集资在苏州城阊门外的南濠[1]设立了南北货码头80多座。乾隆时期当地人自诩："四方万里，海外异域珍奇怪伟、希世难得之宝，罔不毕集，诚宇宙间一大都会也。"[2]嘉庆时人这样描述苏州："繁而不华汉川口，华而不繁广陵阜，人间都会最繁华，除是京师吴下有。"[3]据同治《苏州府志·田赋二》的统计，道光十年（1830年）苏州府共有"实在人丁"为3412694人，经历太平天国运动后，同治四年（1865年）苏州府的"实在人丁"锐减至1288145人，净减2124549人。苏州城繁华不再，可见

---

[1] 苏州阊门外南濠（浩）街，东沿大运河，位于阊门、胥门之间。《红楼梦》中称阊门外为"最是红尘中一二等富贵风流之地"。

[2] 相关内容源自乾隆《吴县志》卷二三《物产》。

[3] 相关内容源自《韵鹤轩杂著·戏馆赋》。

太平天国运动对江南地区社会及自然工商业摧残之深。

依托大运河，苏州是明清两代最为重要的财税来源地之一。苏州的浒墅关号称"十四省通衢之地"，在明代就是运河沿岸七大钞关之一，嘉靖《浒墅关志》记载："上接瓜埠，中通大江，下汇吴会巨浸，以入于海。"乾隆时期，大运河关税增长至了明代最高纪录的六倍，苏州浒墅关关税从年入 8 万两增至 40 万两，长期位列钞关第一。

自隋唐开科举以来，中国一共有 416 位状元，江浙地区占了 114 位。明清两朝 202 位状元，江浙地区就占了 102 位（江苏 63 人、浙江 39 人），其中 35 人来自苏州，可见苏州文风之盛，这也从一个侧面反映了苏州的繁荣。

手工业：雄厚的经济基础、完善的贸易网络以及发达的手工业，使得苏州的社会经济结构出现了某种程度上的"转型升级"，即从过去的以农业发展为中心逐渐转为了以工商业为中心。乾隆《元和县志》记载："吴中男子多工艺事，各有专家，虽寻常器物，出其手制，精工必倍于他所。女子善操作，织纴刺绣，工巧百出，他处效之者莫能及也。"手工业生产已经是苏州地区人们主要的工作生活方式。工商业经济的发展使得苏州手工业具有了规模大、分工细、品质精等特点，工匠们在秉持传承精益求精理念的同时，还需要注重技术的创新和开发。明清时期苏州的手工行业有丝织、刺绣、踹布、染布、冶金、造纸、刻书、蜡烛、玉作、木作、装裱等数十种。众多的手工业门类都处于行业的顶尖，做出了自己的特色。纳兰常安在《宦游笔记》中就提道："苏州专诸巷，琢玉雕金，镂木刻竹，与夫髹漆、装潢、像生、针绣，咸类聚而列肆焉。其曰鬼工者，以显微镜烛之，方施刀错；其曰水盘者，以砂水涤滤，泯其痕纹。凡金银、琉璃、绮绣之属，无不极其精巧，概之曰苏作。广东匠役亦以巧驰名，是以有'广东匠，苏州样'之谚。然苏人善开生面，以呈新奇。粤人为其所驱使，设令舍旧式，而创一格，不能也。故苏之巧甲于天下。"[1] 可见当时苏州地区手工业者技艺的高超，很多有署名和落款的苏作手工艺制品也得以流传至今。

苏州地区深厚的文人文化积淀以及旺盛的社会需求，使得明清数百年间文化与经济深度互动，逐渐滋生出了自发的人文经济。中国传统文化的道德力量、人文关怀逐渐在社会经济发展中起到作用。苏州的产品也逐渐地趋向于以文化为核心，慢慢地脱离了传统匠作"技"与"术"的范畴，更多地追求"艺"与"道"的境界，成为文人精神和中国传统文化的物化代表。

优良的品质、精益求精的制作工艺使苏州生产的手工业产品名声在外，具有了地域标签和自己的专属名词——"苏作"。通过《姑苏繁华图》这样的长卷画，我们可以更为详细地了解盛清苏州工商市肆的繁盛景况。此画完成于1759年，全画绘有各色人物1.2万余人，房屋建筑约2140余栋，各种桥梁50余座，船舶400多条，各种商号招牌200余块，是清朝中叶苏州社会、经济、文化各方面的生动写照。画中涵盖了珠宝、鞋帽、凉席、乐器、盆景和丝绸等50多个手工行业，展现出了当时苏州城"商贾辐辏，百货骈阗"的市井繁华景象。

图中没有绘制专门制作木作家具的店铺，但和木作相关的大木簰[2]绘制了两组，还有几组小型的木竹簰，反映了当时江浙地区水路交通的发达和木材资源缺乏的面貌。当时苏州的木材主要停泊在齐门东、西汇和枫桥，交易木材的木行也集中在那里，所谓"东西汇之木簰，云委山积"。乾隆三年，苏州以徽

[1] 纳兰常安. 宦游笔记（二）[M]. 台北：广文书局，1971：947-948.

[2] 簰（pái）：竹子或木材平摆着编扎成的交通工具，多用于江河上游水浅处。也指成捆的在水上漂浮的木材或竹材。古同"箄"，筏子。

州商人为主体的木商有94家，可见其时木商店铺之多。

画中绘制了和家具相关的凉席店6家，竹器业4家。

虎丘在明朝就以制席出名，正德时期的《姑苏志》中就有"席，出虎丘者佳，其次出浒墅。或杂色相间，织成花草人物，为帘或坐席"。清代虎丘织席更甚于明代，清道光、咸丰年间的《桐桥倚棹录》中仍然有关于虎丘织席的记载："席，出虎丘者为佳……昔年环山居民多种莛草，织席为业，四方称'虎须席'，极为工致，他处所不及也。"[1]《姑苏繁华图》在山塘到虎丘段绘制了三家席店，而且店中竖着各式席，图中招牌上很多都标明"定织"，体现了当时手工业生产模式的多样性。当时的虎丘是一个集生产和批发为一体的席制品中心，不但有大量产自当地的优质席制品，也汇集了附近如光福、浒墅关、黄埭、望亭等乡镇所产。其中浒墅关生产的浒关草席也很出名。浒关草席早在宋代就成了贡品，明清时期更是"家家种草，户户织席"，故宫里皇帝御用的"富川席"就是浒墅关制造。

席作为中国最为传统的家具，历经几千年，无论时代如何更替，依旧保持着旺盛的生命力，也不禁让人感叹。

苏作家具特点：苏州作为明清时期最为重要的经济中心和文化聚集地，家具制造业成形较早，是明清时期苏州众多手工业中最为发达的行业之一。"苏式家具"是明式家具的一个典型代表，泛指以苏州为中心的长江下游苏州、扬州、松江一带所生产的家具。在明代家具的介绍中我们已经知道明代苏作家具以细木擅长，拥有精细的做工和巨大的生产规模，且价格昂贵。清初期苏作家具的样式和制作方式基本延续了明代的风格，用料考究、结构合理、比例尺寸合度、造型古朴优美、线条流畅、

---

[1]《桐桥倚棹录》的作者是顾禄，自署茶蘼山人，清道光、咸丰年间苏州吴县人。

充满文趣，占据国内家具领域"龙头老大"的地位。

到了雍正、乾隆时期，随着社会经济的发展、西方文化的输入和清统治者喜好的转变，社会风气开始发生变化。家具的造型、装饰迅速转向富丽、繁缛与华而不实，加上国内的黄花梨木资源的枯竭，使得苏式家具的材质不得不改用了红木，家具的整体品质有所下降。苏式家具的社会主导地位逐渐被广式家具所超越，能进入宫廷与官宦之家的苏式家具逐渐地减少，为了生存，苏式家具开始了由官向民的转化。尽管失去了上层社会的青睐，但苏式家具依旧整体保持了典雅而秀俊的风格，在市场普及的过程中深得普通人家的喜爱，成为不同阶层都能享用、高度商品化的古典家具。较高的民间市场占有率使得苏式家具一直有着丰富的存世量，成为我们最为熟悉的中国古典家具之一。

出于社会风气的影响和市场的需求，苏式家具在清中期也吸纳了很多广式家具的工艺特点，形成了新的面貌。今天我们可以看到很多清中期的苏作家具在继续沿袭传统做法的基础上，装饰手法和花纹图案都不同程度地仿效广式和京式，并明显带有外来文化的倾向，也为苏式家具丰富而悠久的文化内涵更增添了一份特色。

苏作家具和皇家园林：康熙皇帝在位期间六下江南，乾隆皇帝在乾隆十六年到四十九年（1751—1784 年）期间同样六下江南。康乾两位皇帝对于江南小桥流水、诗情画意的园林风景都喜爱有加，倍加推崇。自康熙二十九年（1690 年）畅春园开始营建，经过三代皇帝的扩建营造，到乾隆时期，"三山五园"的建造达到了顶峰。乾隆皇帝对苏州园林的喜爱，从他历次巡游流传下来的诸多故事和记录中就可得知。乾隆皇帝在南巡时就曾对侍臣说："扬州盐商……拥有厚资，其居室园囿，无不华丽崇焕。"在众多江南园林中，乾隆皇帝最中意的非狮子林莫属。

据记载，乾隆六下江南至少来了狮子林五次，每次都留下诗文或牌匾。乾隆三十六年（1771 年）苏州织造舒文在给乾隆皇帝的奏折中写道："奴才于三月初一日在泉林仰觐天颜，面奉谕旨，着将苏州狮子林亭廊座山石路径河池按五分一尺，连寺亦烫在内，照样不可遗漏，送京呈览。"此后乾隆在圆明园长春园东北角和承德避暑山庄中分别仿建了一座狮子林。

以江南园林为原型的皇家园林大量地兴建，自然也使得与其风格相协调的苏式家具成为园林建造的必需品。清代配置在紫禁城和圆明园、避暑山庄等行宫的家具，按其来源可分为三类：

1. 由皇家直接监督，在紫禁城和圆明园内制作的宫廷家具；
2. 由皇家出式样，传交各地方政府承做的"官造"家具；
3. 各地进贡给皇室的"贡作"家具。

这些家具在清内务府《养心殿造办处各作成做活计清档》中有着非常翔实的记录。另外，清朝其他的一些档案中也有和家具、陈设相关的一些记载，如《陈设档》《贡档》《买办库票》《则例》等。

乾隆四年（1739 年）四月初九日："七品首领萨木哈，催总白世秀来说，太监毛团传旨：着海保用湘妃竹做戏台上用的桌子四张，椅子八张，钦此。于本日随交织造海保家人六十五讫。"[1]

乾隆四年五月初六日，"七品首领萨木哈，催总白世秀来说，太监胡世杰交花梨木如意床一张"。

乾隆五年《养心殿收贮物料清册》记载："旧存……花梨木嵌玉炉盖壹件，花梨木马吊桌壹张，花梨木边藤屉椅面壹件，花梨木小板凳壹件。"

北京故宫所藏的《雍亲王题书堂深居图屏》原藏于圆明园，

---

[1] 中国第一历史档案馆，香港中文大学文物馆. 清宫内务府造办处档案总汇第 9 册 [M]. 北京：人民出版社，2005：91.

是深柳读书堂围屏上的装饰画。作为园林里的装饰画，画面的内容和风格自然应该和环境相得益彰。在画中我们不仅可以看到宫苑女子品茶、赏蝶、沉吟、阅读等闲适的生活情景，还可以领略苏式家具和中国古典园林相衬相映的文化意趣。

苏作家具用料特点：苏式家具一直以俊秀著称，注重材质的雅致，追求色彩淡雅，体现温文尔雅的气质。用料较广式家具要小得多。苏州虽然是清代最为重要的经济中心、物流中心，但在家具制作方面，并不铺张浪费，讲究材质的混搭，常采用两种不同材质的木材混搭，底面用一种木材，外面粘贴硬木薄板，以此增加家具的稳定性和耐用性，这种家具又被称为包镶家具。好的包镶家具要求既节省材料，又不破坏家具本身的整洁、美观效果，还要让人看不出破绽。在制作的时候费时费力，对木作匠人的技术要求较高。现今故宫所藏的大批明清时期的苏式家具，十之八九都是如此。接缝位置的处理非常巧妙，往往被隐藏在棱角的部位，不经过仔细观察和用手摸，就很难分辨。

苏作家具的雕刻、镶嵌：苏式家具的俊秀、素洁、文雅也体现在雕刻、镶嵌方面。传统的明式家具在大件家具上对于雕刻、镶嵌装饰的使用相对较少，其主要起到点缀的作用。到了清中期，受到社会风潮的影响，苏式家具在保留原有家具传统审美风格的基础上，逐渐增多了雕刻、镶嵌的装饰。苏式家具的镶嵌、雕刻主要体现在箱柜、屏联、牙板、桌椅腿足、座椅扶手与靠背等部分，虽然有所增多，但较好地控制了量，没有累赘繁复的感觉。常见的镶嵌材料大多为各种玉石、彩石、螺钿、象牙、牛骨、木料等。雕刻、镶嵌用料多以小块拼凑堆嵌，整版大面积雕刻极为少见。当时的宁波地区以骨木镶嵌著称，有"宁式家具"的称号。

镶嵌类家具主要有两种：

一种是将镶嵌物镶嵌在名贵硬木之上，如紫檀木、黄花梨木、黄杨木等。之所以选择硬木做底进行镶嵌，主要是因为涉及不同材料的收缩膨胀率，硬木的物理性能更加稳定，镶嵌之后百宝不易脱落。另外还因为镶嵌使用的材料虽然是各种小料，但本身的价值都很高，加上工艺复杂，制作周期漫长，其价值与名贵硬木更加契合。故宫博物院收藏的明末清初黄花梨木百宝嵌番人进宝图顶箱立柜，高 272.5 厘米，横 187.5 厘米，纵 72.5 厘米，杉木为胎，以黄花梨木包镶而成，形制恢宏大气，柜面用螺钿、叶蜡石等镶嵌各种人物、山石、花木等，是苏式包镶家具的精品，也是硬木镶嵌家具的代表之一。相似家具是美国大都会艺术博物馆所藏的一对黄花梨百宝嵌花鸟图顶箱柜。

另一种是将镶嵌物镶嵌在漆木家具的表面。这类家具在制作的时候，因为漆的稳定特性不如硬木，所以制作工艺更复杂一些。通常先以硬木做成家具框架，然后按照漆木家具制作的工序，即涂生漆、糊麻布、上漆灰、打磨平整、上两到三遍漆、上退光漆制成漆木家具。等漆木家具阴干后再进行百宝镶嵌。先在漆面上描出画稿，然后按图案样式挖槽，再将准备好的各种嵌件镶在槽内，补漆，打磨，最后得到家具成品。故宫博物院收藏的黑漆百宝嵌婴戏图立柜、2009 年香港佳士得春拍的黑漆百宝嵌圆角柜就是大型百宝嵌漆木家具的代表。

苏作家具的装饰题材：苏州地区作为明清时期家具的发源地和主要产地，具有完善、系统的制造传承和文化传承体系。这使得苏式家具除长期保持优良品质外，还非常注重其审美意趣和文化内涵。苏式家具的文化意趣主要体现在装饰题材上，其装饰题材大致可以分为四类：

植物花卉纹：具有美好寓意的植物花卉有松、竹、梅等。松、竹、梅（岁寒三友）象征高洁坚韧、虚怀若谷的高尚品格。折枝花卉纹也很普遍，取自诗句"有花堪折直须折，莫待无花空折枝"，以"折枝"劝告世人要珍惜时光和情谊。局部装饰的缠枝牡丹纹，大多借其结构的连绵不断，寓意"生生不息"和牡丹的富贵吉祥之意。此外，还有草龙纹、方花纹、灵芝纹等图案。

人物纹：带有吉祥寓意的历史典故人物纹、民俗人物纹、婴戏纹、仕女图纹等，还包括各种神话故事人物纹，如八仙人物纹、暗八仙纹、寿星纹、和合二仙纹、天宫纹等。

传统动物纹饰：如海水云龙纹、二龙戏珠纹、龙凤呈祥纹、麒麟纹等。

传统几何纹：如回纹（寓意吉利深长、富贵不断）、云纹（象征生机、灵动、如意与祥瑞）、如意纹（借喻称心如意）等。

（三）京作家具

北京作为明清两朝的政治中心，自然是天下汇聚之地，所谓"五方物产，九土财货，莫不聚集于斯"。明清时期对于北京城繁华的记录非常丰富，如乾嘉年间俞清源在《春明丛说》中记载："珠市当正阳门之冲，前后左右计二三里，皆殷商巨贾列肆开廛。凡金绮珠玉以及食货如山积，酒榭歌楼欢呼酣饮，恒日暮不休，京师之最繁华处也。"自明朝永乐时起，北京作为全国中心的格局一直没有发生变化，北京城庞大的市场需求需要全国的供给才能满足。明清时期各类油、酒、茶叶、布匹、白糖、纸张、瓷器等数十种商品，每年都会沿水路北上在崇文门[1]进京，也就逐渐顺着崇文门自东向西形成了前三门大街。"前三

---

[1] 明代永乐帝定都北京以后，通惠河码头从积水潭迁到东便门附近的大通桥下，崇文门成为各种商品的集散地和批发商聚集的地方。崇文门税关成立于明弘治六年（1493 年），至民国十九年（1930 年）撤销。在长达 437 年的时间里，崇文门税关长期是进城商货税最多的中央税关，也因此有了"古代天下第一税关"的称号。

门"[1]地区作为内外城交流的主要通道,是北京城商铺最为集中、商业范围最大的区域。市场不仅汇聚了普通的生活物资,还充盈着世界各地的各种高档货物,以满足外国使臣、王公贵胄以及清宫朝廷对奢侈品的需求,如东北的人参、貂皮、鹿茸,南方的茶叶、丝绸,云贵地区的药材,西域的宝石,俄国的皮毛,欧洲的钟表、珐琅等。有货物自然也就有商贾,据统计,明清时期北京的各类会馆共有五百余座。清人潘荣陛在《帝京岁时纪胜》[2]中这样描述北京城:"丰年为瑞,薄海承平。汇万国之车书,聚千方之玉帛。帝京品物,擅天下以无双;盛世衣冠,迈古今而莫并。"

　　京作家具风格主要源自清廷造办处。清代早期的宫廷家具大部分是苏州、广州以及西北进贡的精品家具,被称为"贡作家具"。随着朝廷规模的扩大,贡作家具已经不能满足清廷对于奢华生活的需求。到康熙十九年(1680 年),为更好地满足康熙皇帝对精美器物的需求、研究科学的需要,内务府创立了造办处,其位于养心殿。康熙三十年(1691 年),造办处移至慈宁宫区,下设各类作、处、厂、馆,最多时有 61 个工种,俗称"造办处六十一行",基本可以满足皇家所有的生活用度。后来造办处的规模越来越大,几经迁移,一直营运至 1924 年。在 240 多年的时间里,造办处汇聚了全国最为顶尖的能工巧匠,得益于造办处作坊众多、品类齐全,在器物制作过程中可以互通有无,其所制作的器物无疑在各方面均是第一流的存在,代表了当时中国手工制作的最高水平,创造出了无数精美的国宝。

---

[1] 前三门自东向西依次是崇文门、正阳门(前门)、宣武门。其中崇文、宣武各取尚文、尚武的意思。这三座城门因为居于皇城之前,故称为前三门。

[2] 《帝京岁时纪胜》以作者之耳闻目睹或亲身经历详细记录了所在年代北京的风土,资料翔实可信。此书是迄今所见清代第一部北京风俗志书,对研究清代北京的社会生活和岁时风物均有重要史料价值。

造办处在建立之初就设立了木作，从全国各地（主要来自苏州）招募优秀工匠到皇宫服役。雍正时期开始大量引入广作匠人，形成了苏作和广作对垒的局面，到乾隆时期，造办处在木作中单独设立广木作，全部由广作工匠承担木工制作，所制作家具也以广式风格为主。造办处制作的家具主要为取悦帝王和皇室其他成员，所以往往不计工、不计料，制作异常的精良，往往一件器物由多个作坊共同完成。造办处中除木作外，"镶嵌作""漆作""雕銮作""珐琅作""錾花作""镀金作""牙作"等作坊都会为清朝宫廷家具的制作提供绝佳的配套附件。京作硬木家具制作技艺在清代雍正、乾隆年间达到鼎盛，形成了自己完备的制作工艺和流程，在嘉庆、道光以后逐渐散落于民间。

造办处除自己生产制作家具外还负责到各处采办家具，这些专门为宫廷定制的专用家具，虽然不是在京制作，但都是造办处出样并监督制作，甚至皇帝亲自参与设计，然后下旨造办处采办制作。这些家具充分体现了帝王、贵胄的审美趣好，造办处监理的家具无论自制还是采办，都带有浓厚的宫廷味道以及封建社会皇权至上的权力色彩，具有京城"宫廷意志"雍容大气、绚丽豪华的艺术特征，这些家具被称作"京作家具"。京作硬木家具制作技艺于 2008 年 6 月入选第一批国家级非物质文化遗产项目名录，与"苏作""广作"并称为中国硬木家具的三大流派。

京作家具的特点：

1. 兼收并蓄

作为文化融合的产物，京作家具的造型风格兼收并蓄"苏作"和"广作"。京式家具造型以广式家具为主，严谨安定、典雅秀丽，但相较纯粹的广式家具在用料方面相对节约，家具尺寸也更加精巧，与苏作家具相比，尺寸则更为宽大。京式家具在做工方面更多趋向苏式，家具线条也更接近苏式的曲直相映、挺拔多姿。

2. 皇室气派

充分体现皇权至上和皇家威严是京作家具的主要特点之一。这主要表现在两个方面：一是用料奢华，京作家具的用料基本只采用价格昂贵的黄杨木、紫檀木、酸枝木、黄花梨木等硬木；二是器物镶嵌也多为名贵的金、银、玉、象牙、珐琅、百宝等珍贵材料。

3. 装饰自成一体

京作家具的纹饰纹样独具风格，其在皇家收藏的古代玉器、青铜器上吸取养料，巧妙地将如夔龙纹、夔凤纹、蟠纹、螭龙纹、虬纹、兽面纹、雷纹、蝉纹、勾卷纹等纹样用于家具装饰上。根据家具造型的不同特点，而施以不同形态的纹饰，使家具显得庄重大方、高贵肃穆，显示出典雅的艺术形象。

京作家具的镶嵌技艺：

在现存的京作家具中有大量镶嵌类家具，这些家具有大有小，镶嵌工艺也丰富多样，如嵌玉、嵌螺钿、嵌骨、嵌银丝、嵌木等。在清宫内务府造办处活计档的记载中有大量有关镶嵌类家具的记载：

乾隆二年（1737年）八月初五日，"重华宫着做紫檀木抽长镶玉宝座一座，其镶嵌之玉用从前交出玉带板镶，先做样呈览……催总白世秀随将嵌玉抽长紫檀木活腿宝座一座持进，交太监胡世杰呈览。奉旨：碧玉不用，俱用白玉"。

乾隆二十八年（1763年）三月十五日，"郎中白世秀来说太监如意交黑漆嵌玉椅子四张"。

这些家具在制作工艺水平、审美意趣等各方面都体现出了当时中式镶嵌类家具的最高水平。

木嵌：采用削、切、挤等手法，利用木头的软硬特性，将不同的木材加胶拼接镶嵌成各种花纹纹饰，利用木材的天然色彩和纹路对比来突出主题。

银丝嵌：又被称为嵌丝，来源于青铜器制作工艺中的"金银错"，清代工匠通过改良将其应用于硬木家具的装饰。其工艺方法是：（1）将设计好的纹样绘制在棉纸上贴于家具表面；（2）依据纹样选择合适的薄口刻刀，凿刻出浅槽；（3）将事先做好的银丝压嵌入槽内；（4）用木槌轻轻敲实，直至银丝的嵌面平整为止；（5）上蜡或擦漆，打磨处理家具表面。

牛骨嵌：可分为高嵌、平嵌、混合嵌三种。以平嵌为例，制作工艺大致是：（1）将牛骨放入硝镪水内进行防腐处理，高温消毒后清洗、漂白，加工制作成片状；（2）根据事先设计的图案，用雕刀在家具坯架上雕刻出纹样的底槽；（3）将骨质材料加工成适合的图案形状；（4）加热融化鱼胶，涂于底槽内，趁热将骨质装饰嵌片按序嵌入；（5）打磨。

嵌珐琅：清代中期开始，工匠将景泰蓝[1]制成平板状的各种饰片，然后镶嵌在各种硬木家具的表面，如屏风、桌椅、动物造型的其他家具陈设等，使硬木家具有了更加雍容豪华的风格。

嵌大理石：大理石因主要盛产于云南大理而得名，大多为白底，有各色的纹路，美丽而变化无穷，可以很好地体现中国水墨画的文化意境。大理石板材因纹路的不同可分为不同的品类：以白底黑纹似山水画的最为珍贵，被称为春山；白底绿纹的被称为夏山；白底黄纹的被称为秋山。其中春山、夏山为最好，秋山次之。其因传递的意境独特，受到人们的喜爱。明清时期大理石板常被镶嵌在插屏、桌椅上，作为座面、桌面、椅

[1] 景泰蓝：中国著名的特种金属工艺品类之一，到明代景泰年间这种工艺技术制作水平达到了巅峰。景泰蓝正名"铜胎掐丝珐琅"，俗名"珐蓝"，又称"嵌珐琅"，是一种在铜质的胎型上，用柔软的扁铜丝，掐成各种花纹焊上，然后把珐琅质的色釉填充在花纹内烧制而成的器物。因其在明朝景泰年间盛行，制作技艺比较成熟，使用的珐琅釉多以蓝色为主，故而得名"景泰蓝"。

背面心等。大理石纹路形成的画面在似与不似的意象中妙趣横生，使家具具有独特的文化意味。

嵌瓷板画：明朝中叶瓷板画出现，随着清代瓷艺的迅猛发展，瓷板画的制作越发兴盛，嵌瓷板画家具也随之出现，嵌瓷板画成为明清家具常用的装饰方法之一。它除了被镶嵌在各类家具陈设上，如围屏、插屏、挂屏等，还常被用于柜门、床架等处进行装饰。瓷板画的制作工序复杂，本身就是非常重要的文化载体，是绘画艺术和烧瓷艺术的巧妙结合。与硬木家具的结合除颇有创意外，也可以更好地体现中华文化的传承和东方审美理想。

京作家具诞生于帝王之都，取广、苏二作之长，融百工之巧思，化西洋之风气为己用，在材料选择、造型结构、使用功能、装饰技法等方面都做到了很好的结合。京式家具在装饰上追求华丽夺目的艺术风格，崇尚精雕细刻，镶嵌金、银、玉石、象牙、珐琅等珍贵材料，气派豪华，非其他地区家具可比。但有些京式家具由于过分追求奢华和装饰，淡化了实用性和功能性，甚至纯粹成为一种摆设，这是京式家具发展过程中最大的遗憾。

第二章

中国家具的材质

中国有着悠久的历史和丰富的家具文化，在传统家具的演进过程中，家具的材质逐渐丰富，从最初的草、竹、藤、木，到后来的石、玉、陶、瓷。家具材质的丰富过程体现着中国古代生产力的发展演变过程，不同材质的家具是古代能工巧匠技艺和智慧的结晶。我们可以将众多的家具材质归纳为木、藤、竹、草、石几类进行介绍。

第一节　木制家具

中国传统家具以木制家具为主，可以分为两大类：漆木家具和硬木家具。此外还有在二者基础上衍生出的镶嵌类家具。无论哪一类家具都需要使用木材，因此，要了解木制家具，首先需要了解的便是木材。

一、木制家具的材质

根据古籍记载和古代家具实物遗存，传统家具所选用的木材按照硬度可分为软木、柴木、硬木，另外还有一类特殊的家具木材，称为瘿木[1]。

软木：柏木、松木、杨木、桐木、杉木等；

柴木：楸木、杏木、榆木、枣木、楠木、梓木、柞木、核桃木、樟木、榉木等；

硬木：檀木（白檀木、黄檀木、紫檀木）、黄花梨木、铁梨木、乌木、鸡翅木等。

（一）软木及柴木

自文明之初，生产力落后，木制家具的取材自然遵循的是就地原则，根据当地的物产状况、当时的生产力状况，选择便于获取、易于加工的木材。我国幅员辽阔，在运输能力欠缺的时期，各地用作家具的木材也因此有了差异，北方主要选用杨木、榆木、枣木、楸木、梓木等，而南方则以杉木、楠木、樟木、榉木居多。

杨木：我国北方常见木材，木质细，有缎子般的光泽，也被称为"缎杨"，易加工，干燥快，是历代建筑、家具、漆胎的重要原料。

榆木：落叶乔木，树形高大，遍及我国北方各地，尤其是黄河流域。木材纹理通直，花纹清晰，材质坚硬细密，韧性、曲性较强，耐湿，耐腐，不易变形，不易开裂，是家具制作的首选名贵木材，适用于各类高级家具和雕漆工艺品等的制作。

榆树的常见和其具有的优良特性，使其很早就赢得了国人的喜爱。我国古代关于榆木的记录很多，有历代文人写下的大

[1] 瘿木又被称为"影木"，指木质纹理特征，并不专指某一种木材。树木因为各种原因病态增生，在树腰或树根处出现结疤，被称为"瘿结"。瘿结的横切面纹理奇特，具有特殊扭曲的花纹，因而具有很高的观赏价值。瘿木根据木材的不同，可以分为楠木瘿、榉木瘿、花梨木瘿、榆木瘿、黄金樟瘿等。

量咏榆诗文，也有关于榆木用于生产生活的各种文献。在我国最早的诗歌总集《诗经》中就有对于榆树的描述，如《诗经·唐风》中有"山有枢，隰[1]有榆"。东晋诗人陶渊明《归园田居》诗中有"榆柳荫后檐，桃李罗堂前"。明代宋应星在《天工开物·舟车》中对各类木材的使用是这样记载的："梁与枋樯用楠木、槠木、樟木、榆木、槐木。"

榉木：榆科榉属，高大乔木，也被称为"南榆"，明代方以智《通雅》中又名"灵寿木"。榉木木材坚致，色泽明丽，纹理优美，特有的重叠大花纹被称为"宝塔纹"，是家具制作的优良木材，明清时期深受江浙工匠青睐。许多优秀的明式家具都是用血榉制作的，是我国硬木家具的先导。

枣木：多年生木本植物，主要分布在黄河流域，质地坚硬密实，木纹细密，一般生长很慢，在柴木中属于偏硬树。

楸木：紫葳（wēi）科小乔木，主要产于黄河流域，生长迅速，树干通直，木材坚硬，为良好的建筑用材，南方地区也能见到。中国很多地方有"千年柏，万年杉，不如楸树一枝桠"的谚语。

梓木：与楸木外形相像，古人常将二者混称，也有将楸木称为梓桐的。

柏木：常绿乔木，广泛分布于我国南北方，生长周期长，耐寒抗风，是民间传统使用的优质木材。古代常被用于制作漆器的胎料，也是制作家具与棺椁的常用木材。北方地区将柏木、榆木、楸木并称为"三木"。

杉木：《尔雅》中就有关于杉木的文字记载："黏似松，生江南，可以为船作柱，埋之不腐。"这里的"黏"也被称为"柀黏"，就是杉木。生长在江南的杉木因为其香醇和耐腐的特性，很早

----

[1] 隰（xí）：低湿的地方；新开垦的田。

就被人们用作造船和建筑的材料。晋咸和四年（公元 329 年），陶侃在岳麓山种植杉木，并建造了"杉庵"，这标志着人工栽培杉木已有 1000 多年的历史。明朝时期杉木和楠木是主要的"皇木"品种，但就宫廷家具的用材比重而言，则以杉木为首。杉木可分油杉、土杉等品种，木色淡黄或白，质细纹直，防蛀耐朽，有香气，比重轻，灰麻附着性强，缩胀率低，不易翘曲开裂，尤其适合于制作家具的底胎，为软木良材。

楠木：又被称为枏木、柟木，为常绿乔木，高十余丈，叶为长椭圆形，分布于我国四川、重庆、贵州、云南、广西、湖北、湖南等地。楠木木材质地坚硬、切面光滑，纹理直且细腻，易加工，耐久性强，气味芬芳，是制作建筑、家具、船只的珍贵木材。

楠木虽非硬木，但它也是比较高档的木材，自古就受到人们的喜爱。作为重要的观赏、经济树种，北宋庆历时期，成都太守蒋堂便一次种下二千株楠木。明代谷泰在《博物要览》中将楠木分为三种："一曰香楠，二曰金丝楠，三曰水楠。"金丝楠木最受人们的喜爱和追捧，在阳光下，木材切面会闪出丝丝金线，髹漆后，也可以看到木纹中细如牛毛的缕缕金丝，非常美观。明清时期除了整体使用楠木制作家具，也经常将楠木和其他几种硬性木材混搭使用。楠木比较容易"结瘿"，明末清初家具中使用的瘿木大多是楠木瘿子。

楠木除用作家具外，也是重要的建筑用材，明朝贺仲轼的《两宫鼎建记》记载："覆川湖贵减楠木尺寸疏，照得楠木，宫殿所需，每根动费千万两，不中绳墨，采将安用？"明清时期重要宫殿的柱、梁基本都是采用的楠木。

樟木：樟科樟属，常绿乔木，广泛分布在我国南方各省。樟木纹理交错，结构细密，切面光滑有光泽，髹漆后色泽美丽，因为其特殊的香气有驱虫的作用，故可用于箱、匣、柜、橱等家具的制作，也经常与硬木配合使用。

（二）硬木

硬木不是指的某一种木材，而是泛指质地坚硬的木材。我国受到地理位置和开发时间长等因素的影响，国内硬木资源并不丰富。硬木的特点是质地坚硬，不易变形，物理性能优越，材料拥有天然的纹理、色泽和香气，用其制作出的家具能表现出一种内在含蓄的美，充分契合中国传统文化内涵，使得人们对其争相追逐。很多硬木的坚硬程度已经基本和铁接近，对加工工具和工艺都有很高要求。"工欲善其事，必先利其器"，随着冶炼能力的提升，金属工具得到了普及和发展，隋唐时期，我国已经具备了大规模开采加工硬木的能力。据史料记载，中国也是自唐朝开始进口硬木，中国传统家具在这一时期也逐渐地开始由漆木家具向硬木家具过渡；到了宋代，我们已经可以在绘画作品中经常见到硬木家具的身影；明清时期对硬木的需求已经非常巨大，基本依靠海运进口，海运的艰难也使得硬木本身的价值昂贵，硬木家具在此时成为高档家具的主流。

檀香木：中国古代认识和使用檀香木开始于东汉末期。晋代崔豹的《古今注》有记载，"紫枬木，出扶南，色紫，亦谓之紫檀"。我国大量进口檀香木从唐代开始，宋代檀香木已经得到了一定程度的使用，宋代叶廷珪在《香谱》中对檀香木做了分类："皮实而色黄者为黄檀，皮洁而色白者为白檀，皮腐而色紫者为紫檀。其木并坚重清香，而白檀尤良。宜以纸封收，则不泄气。"宋徽宗赵佶曾说："白檀象戏小盘平，牙子金书字更明。"陆游在他的《老学庵笔记》中也记载："高宗在徽宗服中，用白木椅子。钱大主入觐见之，曰：'此檀香椅子耶？'张婕妤掩口笑曰：'禁中用胭脂皂荚多，相公已有语，更敢用檀香作椅子？'"自有记载以来，檀香木一直受到权贵阶层的青睐。

紫檀木（檀香紫檀）：别名紫斾、赤檀、红木、蔷薇木、玫瑰木、海紫檀，是世界上最贵重的木料品种之一，木质坚硬致密，有"木中黄金"之称，遂为世人所珍视。紫檀木产于亚洲热带地区，如印度、越南、泰国、缅甸及南洋群岛等。据历史记载，在我国云南、两广等地亦曾有少量出产。据说最好的紫檀木是产于印度南端迈索尔邦（现卡纳塔克邦）的檀香紫檀，俗称小叶紫檀。

乌木：又被称作乌文木，主要产于中国、印度、斯里兰卡、泰国、缅甸、马来半岛等地。在中国，乌木主要分布于海南、云南等地。乌木木材小，易裂，纹理细腻，颜色漆黑。清代使用乌木制作的家具并不多。古代文献中提及的乌木和现代所说的乌木，可能并不是同一种树木。

鸡翅木：又称为杞梓木，分布较广，主要见于非洲的刚果（布）、刚果（金），南亚，以及中国的广东、广西、云南、福建、海南等地。鸡翅木和乌木一样存在一定的异议，有新老之分。新的鸡翅木包括非洲崖豆木、白花崖豆木、铁刀木。传世的明清鸡翅木家具，所用的鸡翅原木为我国南方及东南亚地区一带所产，也被称为鸂（xī）鶒（chì）木，鸂鶒木被认为是鄂西红豆树，它的种子为红豆，又称"相思子"，唐诗"红豆生南国，春来发几枝。愿君多采撷，此物最相思"就是对它的描绘。屈大均的《广东新语》中把鸡翅木也叫作"海南文木"。据《格古要论》介绍："（鸡翅木）出西番，其木一半紫褐色，内有蟹爪纹，一半纯黑色，如乌木。有距者价高，西番作骆驼鼻中绞捻，不染腻。"鸡翅木肌理细致紧密，紫褐色深浅纹路交替，有形似鸡翅状花纹。鸡翅木是明清家具中常用的木材。清中期以后鸂鶒木和黄花梨木一样都非常稀少。

铁梨木：又被称作铁力木，属于常绿大乔木，在我国广东、广西等地有出产。清李调元所著的《南越笔记·卷十三》中记载："铁力木理甚坚致，质初黄，用之则黑黎，山中人以为薪，至吴楚间则重价购之，通志云：一名石盐，一名铁棱。"铁梨木心材呈暗红色，髓线细美，色紫黑，质地坚硬而沉重，色泽、纹理与鸡翅木接近。

铁梨木树形高大，在明清时期是造船、盖屋、造桥的重要材料，据传郑和下西洋时的座船桅杆就是铁梨木。因为能开出大材，铁梨木也适用于制作各种大件家具，《广志绎·江南诸省》中记载"铁力，力坚质重，千百年不坏"，《广西通志》中则介绍"广东有用为制造桌椅等家具，极经久耐用"。

黄花梨木：黄花梨木可分为老料和新料两种，老料主要产于海南，属于豆科蝶形花亚科黄檀属植物，是明及清前期考究家具的主要材料，至清中期，随着木料来源匮乏，已很少使用。《琼州府志》的物产木类中记载："花梨木，红紫色，与降真香相似，有微香……"

新料黄花梨木与明清时期的黄花梨木有所不同，主要来自越南、缅甸、老挝及柬埔寨等。新料黄花梨木与海南黄花梨木相比，色彩和纹理比较相近，但花纹较粗，木质坚硬程度不及海南黄花梨木。

海南黄花梨木心材和边材有明显的差别。边材为灰黄褐色或浅黄褐色。心材为红褐色、深红褐色或紫红褐色，深浅不均匀，有黑褐色条纹。黄花梨木的纹理犹如流水，美丽而富有变化。工匠们在利用黄花梨木制作器物时，往往会利用黄花梨木的天然纹理，不多做雕饰，充分体现自然之美。黄花梨木自然、柔和、文静的特点，备受明清文人雅士的青睐和推崇。

黄杨木：黄杨科常绿灌木或小乔木，生长缓慢，基本没有大料，有"千年矮"的称谓，非常珍稀。黄杨木色彩如蛋黄，与象牙类似，髹漆烫蜡后表面细密如玉。黄杨木多被制作成家具屏风的屏心，家具上的镶花点缀，或各类家具陈设、文具。

李渔在《闲情偶寄》中记载："黄杨每岁长一寸，不溢分毫，至闰年反缩一寸，是天限之木也。植此宜生怜悯之心。予新授一名曰'知命树'。"苏轼也有诗云："园中草木春无数，只有黄杨厄闰年。"民间还有黄杨木能避邪驱鬼一说，故而用黄杨木制作的木梳兼具梳发和避邪的功能。

红木：自明代到乾隆时期，众多的文献中虽有大量关于各类木材的记载，但没有见到"红木"的专用名词。清中期以后，随着南洋的硬木资源日益匮乏，出现了一种新的木材替代品种，俗称为红木。红木应该是一类木材的统称，包括红檀木、黄檀木、黑黄檀木等，在植物学上属豆科，木料剖开后有酸味，较刺鼻。红木的材质硬重，强度高，硬度仅次于紫檀木，耐腐、耐久性强，通常沉于水，主要分布于热带及亚热带地区，主要产地为南亚及东南亚等国。我国云南部分地区也有产出，被称为牛角木。

二、漆木家具

漆木家具的使用历史悠久，从新石器时代开始，中国的先民就使用漆木家具，这点从众多的考古发掘中可以得知。漆木家具是当时生产力的体现，也是中国古老智慧的结晶。原始社会受到加工工具的限制，家具所选择的木材相对较软，软木的特性决定了木制家具的存放不易，因而需要更好的保护层和装饰层。在对自然的长期观察和利用的过程中，先民们发现了天然漆，天然漆优良的物理性能，使得人们将其运用在了木制器物的表面，从而创造出了中国漆木家具。漆木家具自远古出现一直沿用至今，它和唐代以后出现的硬木家具不同，这类家具的制作除需要家具本身有相对稳定的结构外，还需要解决和漆相关的一系列技术和工艺问题，髹漆[1]工艺也堪称我国古代化学工艺中最为卓越的创举。

大漆[2]漆器相较于青铜器，化学性质更加稳定，具有轻便、耐腐蚀、易清洗、无异味、光泽明亮、防潮绝缘、耐土抗性强等诸多优点。漆还有非常好的粘连性，"如胶似漆"这个成语讲的就是漆所具有的良好黏结性。但漆器也有致命的缺点，很多人对生漆过敏，而且获得天然漆的过程非常缓慢、烦琐且困难。在生产力不够发达的古代，制作漆器需要耗费大量的人力物力，是一件非常奢侈的事。

漆树一般需要 7 年时间才能生长成熟开始产漆。当漆树成熟后就需要割漆，割漆的过程和今天割胶的流程类似，在树皮上割开一条倒八字形的口子，这时漆树会分泌树汁来愈合伤口，漆树的树汁便是生漆；割漆工会在口子的边缘设置一个蚌壳（又称为漆茧）用来收集生漆，生漆从树皮上流进漆茧的过程非常的缓慢，只能耐心等待；当收集了一定量生漆后，就需要将它们从漆茧中刮出收集起来，随后倒入大漆桶中；然后进行熬制；最后得到大漆。一棵 16 年的漆树一年的产漆量也就 250 克，我国今天依旧有大量被荒废的漆树林，见证着这个行业曾经的繁华。

漆在中国的使用可以追溯到 7000 多年前的河姆渡文化，1977 年河姆渡遗址 T231 出土的朱漆木碗是我国发现最早的漆器之一。《韩非子·十过》中有记载："尧禅天下，虞舜受之。作为食器，斩山木而财之，削锯修之迹，流漆墨其上，输之于宫，以为食器，诸侯以为益侈，国之不服者十三。舜禅天下而

[1] 髹漆：红黑两色的大漆叫髹（xiū），给器物上大漆叫作髹漆。另外，髹彤指涂以丹漆；髹饰指在器物表面用赤黑色的油漆装饰。

[2] 中国漆俗称大漆、土漆、国漆。

传之于禹，禹作为祭器，墨染其外，而朱画其内……"可见在尧舜时代，漆器是非常贵重的器物，将其作为食具的奢侈行为，甚至可以引起诸侯的不满。随着社会生产力的发展，漆器工艺逐渐地发展，器物的数量也在增加。但西周时期髹漆之后的器物，仍旧是统治者、贵族在出行时显示身份排场的专属物品。《周礼·春官·御史》中有"髹饰"和"漆车藩蔽"的记载。《礼记》中还对不同等级的权贵使用廊柱的颜色做出了规定："楹，天子丹（朱红色），诸侯黝（黑色），大夫苍（青色），士黈（tǒu，黄色）。"这也说明当时已经可以制作各种有色漆，髹漆的工艺也有了长足的进步。在《诗经》中也有很多和漆相关的诗句，体现了古人对漆的重视和应用，如《鄘风·定之方中》中有"树之榛栗，椅桐梓漆，爰伐琴瑟"，《唐风·山有枢》中有"山有漆，隰有栗"。山间漆树和其他树木共同生长，不仅是古人对自然景观的描绘，也反映了漆树在当时已经是非常重要的经济树种，漆树的种植、漆器的制作已经是社会重要的生产生活活动，同时这些诗句也体现了古人对精致品质生活的追求和对美好事物的向往。

在陕西西安普渡村、陕西宝鸡斗鸡台、河南洛阳庞家沟等地出土了大量采用蚌泡镶嵌工艺制作的残缺漆器，其已经有了后世螺钿工艺的雏形。三门峡上村岭虢国墓出土的仿青铜器制作的漆盘和漆豆是目前最早的北方春秋时代的漆器实物。

战国时期，漆器制作规模逐渐地扩大，漆树的种植栽培、天然漆的生产已经有了专门的官吏进行管理。和梁惠王、齐宣王同时期的宋国蒙地人庄子曾经就是一个管理漆园的小官，在《史记》中有这样的记载："庄子者，蒙人也，名周。周尝为蒙漆园吏，与梁惠王、齐宣王同时。"漆木家具从战国时期开始逐渐取代青铜器。我们在之前战国时期的章节中就已经介绍了大量的漆木家具。战国时漆器制作的中心是当时的楚国，大致的范围是今天的湖北、湖南、河南的南部等地一带。河南信阳楚墓出土 300 多件漆器，大到俎、床、榻、几、案，小到杯、豆、勺、盒、箱各种家具，应有尽有。此外还有如钟、瑟、鼓架、车盖、车栏、当卢等广义上的家具，且这些器物皆是漆器。另外在湖南长沙、湖北江陵等地诸多的战国墓葬中都有大量的漆器出土。虽然都属于楚国，但各地墓葬的漆器，在造型纹饰上都各具特色，体现出楚地工匠卓越的艺术想象力和浪漫的情怀，由此也可见当时楚国制漆规模的庞大和行业的兴盛。湖北随县曾侯乙墓出土的战国漆案和河南信阳楚墓出土的金银彩绘漆案，是这一时期漆木家具中最优秀的典范。

秦汉时期是我国漆器最为辉煌的时代。"漆器"这一名词见于《汉书·禹贡传》，书中是这样记载的："三工官官费五千万"，如淳作注："《地理志》河内怀、蜀郡、成都、广汉皆有工官。工官，主作漆器物者也。"这个时期漆器制作规模空前，髹漆工艺越发的成熟，为此汉代设立了名叫"工官"的专门官员对漆器的生产进行管理。漆器生产制作中心由之前的楚地转移到了今天的四川地区（蜀郡、广汉郡），四川成都、绵阳，湖南长沙马王堆，湖北江陵凤凰山均出土了有"成市""成市草"等字样的汉代漆器，在贵州清镇和蒙古诺彦乌拉、朝鲜平壤（古乐浪郡）等地也有带有"蜀郡西工""成都郡工官"等字样的错金银漆器发现。除此之外，在山东文登、河北怀安、江苏扬州、广东广州、甘肃兰州等地，都有汉代漆器的出土，几乎涵盖了全国各地，可见汉代漆器的使用已经非常普遍，这其中自然也少不了漆木家具。

汉代漆器的制作已经有了细致分工：素工（制作器物内胎）、髹工（在漆胎上涂漆）、画工（在漆器上描绘纹饰）、上工（在漆器的口缘上铜扣）、黄涂工（在铜制饰品上鎏金）、清工（漆器最后的抛光修饰）等众多工种。1958 年贵州琊珑坝汉墓出土的西汉黑漆地朱漆绘对鸟纹耳杯不仅展示了汉代漆器制作的精湛工艺，其上的铭文还详细记录了制作时间、地点、工序以及参与制作的工匠和管理人员的姓氏等信息。

汉代漆器的胎质主要有木胎和夹纻胎两种，还有少量的竹胎。

木胎：顾名思义，胎体为木质。木胎的制法主要有斫制、旋制和卷制三种，不同器形分别采用不同的方法。

1. 斫制。通过削、剜、凿、刻、刨等方法，在整块木料上斫削出器形，主要制作勺、耳杯、几、案、剑鞘、剑盒、木俑等。

2. 旋制。通过旋削的方式在整块木料上制作出器形，以制作盘、碗为主。

3. 卷制。卷制是用薄木板卷出器壁，以制作卮为主。

夹纻胎：先用木头或泥土做成内胎，然后用若干层麻布或缯帛附在内胎上，待麻布干实后，去掉内胎（"脱胎"），剩下的麻布或缯帛就是夹纻胎，主要制作盘、碗、奁、笥、锺、卮等器物。

汉代漆器数量众多、品种丰富，除了有漆鼎、漆壶、漆钫、漆篚、漆盂等各种大型漆器，还有耳杯、漆盘、漆盒、漆罐、漆奁[1]、漆卮、漆匜（yí）等生活用品，当然也有漆床、漆几、漆案、漆榻等家具。

汉代漆器工艺精湛，纹饰华美。西汉前期的纹饰富丽而繁复，东汉时期的纹饰相对比较简洁朴素，它们都各自充分反映了所属时代的社会风俗和文化特色。汉代漆器作为汉代室内环境的主要陈设，有着自己的配色体系，主要是以黑红两色为主，大

---

[1] 漆奁（lián）：古代女子盛装化妆品的器皿，可以分层放置化妆用品，更合乎实用的要求。

部分漆器是外黑里红，多在黑底上用红、赭、灰绿色漆描绘花纹，也有红底黑纹的，漆绘器物一般色泽光亮、雍容大方。

漆钫：钫是指方形的壶。漆钫流行于汉代，主要用于盛酒或其他物体。器形为有盖、方形、长颈、鼓腹、高圈足，漆钫的方盖为四坡式漆盖。马王堆汉墓出土的云纹漆钫，高52厘米、腹边长23厘米，纹饰清秀华美，是西汉前期最具代表性的漆器作品之一。

漆锺：漆锺的功能和漆钫类似，也是盛酒或其他物体的容器，同样流行于西汉。漆锺的形制为有盖、圆形、口微侈、长颈、大鼓腹、圈足，一般会在器物的内外加饰彩绘。

漆匜：古人在婚礼、宴请宾客、祭祀等场合需要举行沃盥之礼。"沃"是浇、灌的意思，即从上面倒水；"盥"则是洗手。沃盥之礼需要两人配合完成，在洗手时由一长一少奴仆服侍，长者持漆匜自上而下浇水，少者捧盘在下承接，寓意着用流动的水洗净一切污秽和恶运，迎接新生活的开始。

先秦和秦汉墓葬都有成套的盘、匜出土，说明沃盥之礼在汉初仍有沿用。马王堆汉墓出土的漆匜，造型简洁自然，和后世的水瓢类似，木胎，外底朱书"轪侯家"三字，有"成市草"[1]的烙印戳记。

耳杯（觞）：耳杯又称为羽觞，最早出现于东周，沿用至魏晋，最初是饮酒时使用的器具。王羲之《兰亭序》："清流激湍，映带左右，引以为流觞曲水。"这里的"觞"指的就是羽觞。它是一种带两耳的船形杯子。双耳的造型便于杯子漂浮在水面上，也便于人们拿取。耳杯双耳的造型多样，早期是椭圆形，到晚期逐渐演变为菱形。

---

[1] 成都是汉代著名的漆器生产中心。

曲水流觞的习俗来源于每年农历的三月初三汉族举行的"祓除畔浴"活动，也就是结伴去水边沐浴，称为"祓禊"。这一习俗后来逐渐演变成上巳节，再后来上巳节又增加了祭祀宴饮、曲水流觞、郊外游春等内容。

羽觞的形态直到消亡都没有太大的变化，但是在制作工艺上随着时代的推移逐渐地由最初的木胎变为更轻便的夹纻胎。为了方便携带和使用，还出现了大小成组的耳杯，如扬州博物馆收藏的西汉铜扣彩绘漆耳杯，这些耳杯充分利用了杯内的空间，如同俄罗斯套娃一样杯杯相叠，是汉代漆器中实用与美观相结合的典范。

发达的漆器业使得当时贵族的生活用品基本都是漆器，漆器几乎囊括了生活的方方面面。这一时期的漆木家具的样式总体保持了先秦时期低矮家具的风格和特点，家具种类还是以床、几、案、屏等为主，值得一提的是，在这一时期出现了由箦床演变而成的榻，并在汉代得到了普及，成为对中国社会影响深远的家具。

秦汉时期的家具在结构上还比较的简单，部件构造也相对单一，但在家具立面的形式和装饰上已经有了较丰富的变化，榫卯结构的运用也渐趋合理，这些都为唐宋时期家具形体的增高奠定了良好的基础。

彩绘漆几：现收藏于长沙简牍博物馆的云纹漆几，几面两端凸起，中央下凹，两个束腰细方足，足下安平底座。通体髹黑漆，朱绘云气纹，几面朱绘细长三角纹。器形舒展流畅，纹饰精美华丽，是汉代漆几的代表作品。

彩绘漆屏风：长沙马王堆出土的云龙纹漆屏风是西汉初期的实物屏风，是为随葬而制作的冥器。长方形斫木胎，长72厘米、宽58厘米。屏板下有一对足座加以承托。屏风用红、绿、灰、黑四色油彩绘云纹、龙纹、谷纹璧、几何方连纹、菱形图案等纹样。

漆案：北京石景山区老山汉墓出土的一件大漆案，长230厘米、宽50厘米，现藏于首都博物馆，是迄今在北方地区汉墓中发现的最大，也是保存最完好的漆器。

汉代之后一直到宋代，中国的漆器一直保持着创新发展，新的漆器工艺层出不穷。六朝时期虽然战乱频繁，但依旧创造出了斑漆和绿沉漆工艺。唐代国力强盛，漆器工艺也有了更大的发展，据《唐书·地理志》记载，扬州（广陵）、襄阳（襄州）等地的漆器被当作贡品进贡朝廷，漆器也被列为当时的税收实物之一。襄州的"库路真"漆器，在当时"天下以为法"，被称为"襄样"，可惜至今不得见。唐代在漆器工艺方面的主要贡献是金银平脱、螺钿、雕漆。唐代的家具基本是漆木家具。

宋代不仅官方设有漆器生产的专门管理机构，民间的漆器制作也很普遍。漆器工艺继续得到发展。在《东京梦华录》和《梦粱录》中都有关于漆行、漆店的记载，《清明上河图》中也有对漆店的描绘。宋代时，瓷器已经登上了历史舞台，但漆器轻便、易于携带、做工精美等特点使其仍旧是重要的日常生活用品。宋代漆器制作的生活器皿的式样富于变化，《燕闲清赏笺》中就记录了丰富的漆器样式。宋代的家具实物几乎不可见，按照宋画中家具的形制判断，硬木家具已经有了很高的普及程度，但漆木家具仍是主流。宋代在漆器工艺上的创新是金漆、犀皮。宋代之后，漆器在工艺上没有更多的突破性创新，但工艺技巧却依旧保持了极高的水平。

元代王公贵胄对于手工艺品的狂热，使得漆器的制作非常精良，也造就了一批非凡的艺人，最为知名的是张成、杨茂。《格古要论》记载："元朝嘉兴府西塘杨汇有张成、杨茂，剔红最得名。"他们的作品在当时即为人所珍重，还扬名海外，在日本被称为"堆朱杨成"，故宫博物院对张成、杨茂的作品都有收藏。

元代漆器的制作过程非常复杂。《辍耕录》记载："凡造碗碟盘盂之属，其胎骨则梓人以脆松劈成薄片，于旋床上胶粘而成，名曰卷素。髹工买来，刀刿胶缝，干净平正，夏月无胶泛之患，却炀牛皮胶，和生漆，微嵌缝中，名曰捎当。然后胶漆布之，方加粗灰，灰乃砖瓦捣屑筛过，分粗、中、细是也。胶漆调和，令稀稠得所。如髹工自家造卖低歹之物，不用胶漆，止用猪血厚糊之类，而以麻筋代布，所以易坏也。粗灰过，停令日久坚实，砂皮擦磨，却加中灰，再加细灰，并如前，又停日久，砖石车磨，去灰浆，洁净停一二日，候干燥，方漆之，谓之糙漆。再停数月，车磨糙漆，绢帛挑去浆迹，才用黑光。黑光者，用漆斤两若干，煎成膏。再用漆，如上一半，加鸡子清，打匀，入在内，日中晒翻三五度，如栗壳色，入前项所煎漆中和匀，试简看紧慢，若紧，再晒，若慢，加生漆，多入触药。触药，即铁浆沫，用隔年米醋煎此物，干为末，入漆中，名曰黑光。用刷蘸漆，漆器物上，不要见刷痕。停三五日，待漆内外俱干，置阴处眼之，然后用揩光石磨去漆中颣。揩光石，鸡肝石也，出杭州上柏三桥埠牛头岭，再用箬籺，次用布帉，次用菜油傅，却用出光粉揩，方明亮。"这段描述除了有漆胎的做法，以及黑漆器物的各种制作过程，也让我们领略了漆器制作的繁复和艰辛。

明代漆树的种植面积得到了扩大，漆的产量也有了增加，永乐时期开设的"果园厂"，由张成之子张德刚管理，生产的雕漆、填漆漆器因制作精美被称为"厂制"。明朝发达的商品经济，也使得民间制漆盛行，制漆高手众多。如苏州金漆艺人蒋回回、扬州百宝嵌漆器艺人周翥等。山西的漆器家具、云南的雕漆漆器、宁波和苏州的金漆漆器在明代都是著名产品。

清代基本延续了明代的制漆技艺，虽在技艺等方面还有独到之处，但总体艺术风格已经逐渐地衰落。

明清两代，虽然硬木家具成为高档家具的主流，但基于传统和礼制的需要，髹漆家具一直以最高制作水平在持续地生产，且工艺技术还有很大程度的提高。这一时期有不少家具珍品传世，可以让我们真切地体会到中国传统高档髹漆家具温润如玉的独特艺术魅力。髹漆家具是众多漆器技艺的集大成者，这些技艺包括单色漆、雕漆、描金漆、堆灰、填漆戗金、款彩、嵌螺钿等。

中国国家博物馆就藏有不少知名的髹漆家具：

1. 朱漆百宝嵌博古人物故事顶箱柜，长 174 厘米，宽 77 厘米，高 238 厘米；

2. 黑漆描金龙纹方角药柜，长 80 厘米，宽 57 厘米，高 95 厘米；

3. 黑漆带托泥描金山水楼阁纹宝座，高 115 厘米，长 125 厘米，宽 80 厘米。

漆器技艺

金银平脱：由金银箔贴花技术发展而来，经战国、汉代的发展，到了唐代达到鼎盛。这一工艺将髹漆与金属镶嵌相结合，其做法是首先将金、银薄片裁制成各种纹样，其次用胶漆将纹样粘贴在器物上，然后髹漆数重，最后经过反复研磨后，金银片纹饰显露，展现出富丽华美的艺术特色。由于制作费时且价格昂贵，唐肃宗、代宗时期曾下令禁止生产金银平脱器物。

螺钿：又称"螺甸""螺填""钿嵌"，是中国特有的工艺技艺，被广泛应用于家具、乐器、盒匣、盆碟、木雕以及有关的工艺品上。螺钿在我国有着悠久的历史，在 1983 年，北京房山琉璃河遗址西周墓中就出土了"彩绘兽面凤鸟纹嵌螺钿漆罍"，这是迄今所见最早的螺钿漆器，说明在西周时期螺钿工艺就已形成。

经过漫长的技术积累，唐代螺钿工艺得到快速发展，河南洛阳出土的唐代人物花鸟纹镜、苏州瑞光塔的五代嵌螺钿经箱等都是这一时期的螺钿佳作。今天在日本东大寺正仓院，还保存着我国唐代的多件螺钿工艺器物，有螺钿花鸟纹镜、螺钿紫檀琵琶、螺钿紫檀阮咸等，其中螺钿紫檀琵琶最为精美。据《正仓院考古记》记述："背之全面，有螺钿之鸟蝶花卉云形及宝相华文，花心叶心间，涂以红碧粉彩，以金线描之，其上覆以琥珀、玳瑁之属，于其浅深不同之透明中，显现彩文之美，极为瑰丽工巧。"

宋代螺钿漆器也很发达，在众多的宋画中都能看到螺钿器物的身影。《齐东野语》中记载："宋高宗幸张循王府，王所进有螺钿盒十具。"《西湖游览志》中记载："马天骥为平江发运使，独献螺钿柳箱百支，理宗为之大喜。"由于这种螺钿工艺精巧费工，所以《清波杂志》中记载，高宗时曾禁制这种"螺钿淫巧之物"。宋时的螺钿漆器，多用白螺片镶嵌，黑白对比，十分典雅。

明代曹昭著的《格古要论》中说："螺钿器皿出江西吉安府庐陵县。宋朝内府中物……俱是坚漆，或有嵌铜线者……"明清时期螺钿工艺已经到达炉火纯青的程度，今天在博物馆和民间的螺钿器物遗存，不仅种类多样而且数量可观。匠人在螺钿工艺的基础上还开发出了百宝嵌工艺，其制作工艺精美绝伦，让人叹为观止。

清代是螺钿家具最为辉煌的时期，螺钿家具受到清朝宫廷的青睐。乾隆三十六年（1771年），两淮盐政李质颖在进贡清廷的单子上，就有"彩漆螺钿龙鸿福祥云宝座""彩漆螺钿龙福祥云屏风"等10余件扬州漆器螺钿家具，当时它们均存放在圆明园之中。

乾隆五十年十月初六日，员外郎五德、大达色，库掌金江，催长舒兴，笔帖式福海来说，太监鄂鲁里交掐丝珐琅紫檀木香几五件（系宁寿宫内，二件束腰上嵌珐琅片，二件束腰上镶嵌玻璃条，托泥上嵌银母）。

乾隆五十三年九月二十八日懋勤殿传旨：宁寿宫东暖阁楼下现设三屏风中扇现镶刻兰亭帖玉版，东边用镶玉版五福五代堂古稀天子宝一方，两边用镶玉版宁寿宫宝一方，交启祥宫，与现镶玉版挑一色玉刻做挖嵌，周围镶四分紫檀木边，钦此。

螺钿的"钿"，在《辞海》中解释为镶嵌装饰。螺钿技艺采用的装饰材料是螺壳与海贝内部的天然珍珠层。珍珠层富有天然的光泽，折光反射强，具有十分强烈的视觉效果，是绝佳的装饰材料。螺钿材料主要来源于江河湖海中的各类蚌贝，通常有海贝、夜光螺、三角蚌、鲍鱼等。这些蚌贝年龄越长，其效果越佳。

螺钿的镶嵌工艺技法通常可分为硬钿、软钿与镴钿三大类，硬钿可分为厚片硬钿、薄片硬钿、衬色甸嵌、硬钿挖嵌等。软钿最为出名的是点螺。镴钿则是指镶嵌物高于镶嵌表面。软钿中的"点螺"，又称"点螺漆"，是把螺贝制成0.5毫米以下的薄片，如同薄纸，有半透明的特性，再切割成点、丝、片等各种不同形状，根据装饰画面的需要镶嵌制成人物、花鸟、几何图形或文字等，在光线下能产生奇幻、绚丽的艺术效果。

雕漆：唐代创造出的新的漆器工艺。据《髹饰录》记载："唐制多如印板，刻平锦，朱色，雕法古拙可赏，复有陷地黄锦者。"其制作方式是先在漆胎上刷漆数十层，让漆层达到一定厚度，再进行雕刻，雕刻的部分不触及漆胎。这种做法，以朱漆进行雕刻的被称为剔红，还有剔黄、剔绿、剔黑等，而用"五色漆胎"进行雕刻的称为剔彩，可惜唐代雕漆未发现实物。此外，用黑、红两种色漆交替相间涂漆，形成有规律的厚度，再进行剔刻，会形成独特的云纹图案，与犀牛角横断面的肌理效果相似，故得名"剔犀"。北京、山西称其为"云雕"，日本称其为"屈轮"。

描漆：就是设色画漆，先在漆地上勾出花纹轮廓，然后在轮廓中设色。一般用黑漆、朱漆进行描漆。

金漆工艺：包括描金、洒金、贴金、上金、泥金等。我国自战国时代就已掌握用金的技法，后金漆技艺被传到亚洲各国，共同发展学习。王世襄先生在《髹饰录解说》中称："我们可以肯定描金之法是由中国传往日本的，时代在隋唐之际，或更早。当然另一方面我们也不否认描金漆器在日本有它的高度发展，并在一定的程度上又反过来影响了中国的漆工。"到明代，倭漆已经是非常有名的漆器品类。明《遵生八笺》载："如效砂金倭盒，胎轻漆滑。"这说明当时漆工在制作器物时就受到倭漆的影响。陈霆《两山墨谈》卷十八载："近世泥金画漆之法本出于倭国。宣德间，尝遣漆工杨某至倭国，传其法以归。杨之子埙遂习之，又能自出新意，以五色金钿并施，不止循其旧法。于是物色各称，天真烂然。倭人来中国见之，亦龉指称叹，以为虽其国创法，然不能臻此妙也。"杨埙在去日本学习制作技术后，不只对漆器进行简单的模仿，更有了自己的发展。日本人大村西崖曾评述："天顺间吴中杨埙，习倭法而加以己意，作五色金钿缥霞之山水人物，神气飞动，称杨倭漆，为世所重。"当时人称杨埙为"杨倭漆"。金漆制作著名艺人还有苏州的蒋回回。故宫博物院收藏的万历款双龙纹黑漆描金药柜是明代大型的描金漆家具，"大明万历年造"六字在药柜背面。

描金：所谓描金，并不是用笔蘸金粉描画花纹。它的制作方法是先在一件已基本完成的器物上用笔蘸漆描画花纹，然后入室阴干，在表漆未完全干透、干湿度适宜的时候取出，用丝棉团蘸泥金粉[1]，涂在描绘处，由此显露金色花纹。金粉的种类很多，颜色深浅不同，有赤金、青金等。因此在一件漆器上也可以同时出现几种金色，这叫作"彩金像"。明黄成《髹饰录》载："描金，一名泥金画漆，即纯金花文也。朱地、黑质共宜焉。其文以山水、翎毛、花果、人物故事等；而细钩为阳，疏理为阴，或黑漆理，或彩金象。"沈福文的《漆工资料》中具体介绍了描金漆装饰的制作过程："将打磨完的素胎涂漆，再髹涂红色漆或黑漆，这层漆叫上涂漆。干燥打磨平滑后……推光达到光亮后，用斗透明漆调彩漆。薄描花纹在漆器面上，然后放入温室，待漆将要干燥时，用丝棉球着最细的金粉或银粉，刷在花纹上，花纹则成为金银色。"

戗金：戗金工艺始于宋代，元代达到高峰。其制作工艺是先在器物表面按照图案刻画出无数纤细点线，然后在点线槽中贴以金箔，填以金粉，从而形成有立体感、有光影效果的造型。填金的称为戗金，填银的称为戗银，填彩漆的则称为填彩，也有将各种技艺混用的器物。《遵生八笺》载："宣德有填漆器皿，以五彩稠漆堆成花色，磨平如镜，似更难制，至败如新。"《帝京景物略》载："填漆刻画花鸟，彩填稠漆，磨平如画，久愈新也。"

贴金：先在器物表面刷上金胶，等待近乎完全干燥但还略有黏性的时候，将金箔贴上去，譬如给大佛脸上贴金。

上金：将金箔揉碎过筛成粉状，在刷好金胶的器物上用丝棉团蘸金粉，涂在器物表面。同等面积下，上金方法消耗的金箔要远多于贴金。

洒金：是用碾碎的金箔或金砂不过筛，洒在漆地上，金片有大有小，然后再在上面罩一层透明的罩漆。

---

[1]泥金粉：把金箔放在瓷碟里，内调胶水，以手指研磨，胶水干后，再浇上沸水。等到胶化，金粉下沉，把胶水倾出。金箔已成粉末，把金粉晒透，用细箩过筛。

第二节 藤、竹、草家具

藤、竹、草，是人们在自然界中最容易获得的材料，人们很早就将它们运用到家具制作之中，此类家具的制作主要依靠的是我国最为古老的手工技艺之一——编织技艺。由于材料获取容易、制作入门的难度不高，由此类材质制作的家具应该是最早出现的一类家具，自其出现便深刻地影响着文明发展的进程。这类家具以良好的性能、低廉的价格深得人们喜爱，是中国历史上最为普及的家具，直到今天依旧受到人们的喜爱而在广泛使用，但受到材质性能的限制和长期频繁使用等因素的影响，这类家具保存不易，古代遗存很少。好在我国古代文献中关于此类家具的记载非常丰富，绘画资料里也有不少。

一、藤编家具

藤制家具是指以藤类植物茎秆的表皮和芯为原料制作的家具。藤制家具充分发挥藤条柔软、不易折断的特点，制作时一般以粗大的藤条、竹子等制作骨架，再用藤皮、藤芯编织而成，最后上油漆或上色。

可用于制作藤编家具的材料非常的多，有竹藤、青藤、棕榈藤、鸡广藤、黄藤、刮皮藤、红藤、红皮柳、盘山藤、灰藤等，这些原料大多就地取材，因此形成了众多的生产中心，如广州、汉中、腾冲等。

藤条的处理非常繁复，一般需要经过打藤（削去藤上的节疤）、拣藤、洗藤、晒藤、拗藤、拉藤（刨藤）、削藤、漂白、染色、编织、上油漆等十几道工序。藤条原本的颜色为浅黄色，在经过漂白、染色等颜色加工工艺后颜色可以变得非常的丰富，有白色、象牙色、咖啡色、棕色等。

通过经纬线纵横交织的藤编工艺，人们可以制作出样式各异的图案纹样。我国传统的编织颜色纹样有木瓜心、米字格、菱形格、菊花、牛眼、万字纹、喜字纹等等。藤编的技法又分为常用技法和花样技法。常用的编织法有编辫、平编、绞编、串接、串联、缠扣、盘结编花等。花样编织法有疏编、疏细结合编、破经编、浸色编、立体编、胡椒眼空花编等上百种之多。

我国古代关于藤条及其制品的记载丰富。《隋书》中就有了关于将藤条作为贡品的记载；到了唐代，当时记录岭南风土的书籍《北户录》中有这样的记载："琼州出五色藤、合子书囊之类，花多，织走兽飞禽，细于锦绮，亦藤工之妙手也。"可见当时琼州的藤编技艺已经非常成熟，制作的藤编制品已经非常的丰富。在唐开元至宋元丰时期，岭南地区也经常以皮藤作为贡品进贡朝廷。

宋代藤编家具已经非常常见，在大量的绘画作品中都有藤编家具的绘制，宋代的藤制家具主要是以藤墩的形式出现。在宋代的《消夏图》《浴婴图》《勘书图》，南宋刘松年的《罗汉图》，南宋的《桐荫玩月图》等画中均有藤墩的形象。

明代唐胄编纂的《正德琼台志》中记述了棕榈藤的分布和利用情况。福建泉州博物馆收藏的明朝郑和下西洋的沉船上还保存着藤制家具。清代屈大均在《广东新语》中记载："大抵岭南藤类至多，货于天下。其织作藤器者，十家而二。"广州生产的藤器已经成为货通天下的商品，且生产者众多。清嘉庆十九年（1814 年）后，印度尼西亚的藤条作为家具原材料成为常见的进口商品，广州席、椅、垫等藤制品的生产更加兴旺。范端昂在《粤中见闻》中说道："粤中之藤为席为盘为屏风盔甲之属，其用甚奢。粤中藤货岁中售于天下者，亦不少也。"

二、竹家具及竹文化

竹子作为家具用材有许多的优势：

竹子是一种可持续开发的绿色可再生资源，生长周期短，一般 3～5 年成材，成本低廉。

竹子软硬适中，有超强的可塑性，可加工成各种想要的家具样式。

竹子品种多样，颜色丰富，富有肌理感，可满足人们各方面的需求。

竹子质朴，可以充分体现返璞归真的意趣，雅俗共赏，深受平民百姓、文人雅士的喜爱。

我国是竹资源最为丰富的国家，在《尚书·禹贡》中就已经有了关于竹子分布的记载，今天竹子广泛分布在我国 27 个省份，品种众多，有淡竹、水竹、慈竹、楠竹、刚竹、桃竹、苦竹、毛竹等七百多种。其中用作制造高档家具的竹子有湘妃竹、紫竹、楠竹等，其中最得文人墨客喜爱的当属湘妃竹。湘妃竹又称为"斑竹""泪竹"，竹竿布满褐色的云纹紫斑，被称为"泪痕斑"，极有"雅"致韵味，自古深得文人喜爱。湘妃竹竹材坚硬、篾性也好，是优良的竹材。关于"泪痕斑"有一段美丽的传说，在晋代张华的《博物志》中有记载："尧之二女，舜之二妃，曰湘夫人。舜崩，二妃啼，以涕挥竹，竹尽斑。"其说的是舜帝的两个妃子娥皇和女英千里寻追舜帝，到君山后闻舜帝已崩，抱竹痛哭，流泪成血，落在竹子上形成斑点，才形成了这种"湘妃竹"，或者叫"泪竹"。

我国是最早开发利用竹子的国家，也是最早产生出竹文化的国家。在距今 7000—5000 年前遍布黄河、长江流域的众多遗址中就有竹席和竹篾编织物的残迹被发现，这也是中国竹制家具和竹文化的开端。在随后的先秦时期,竹木"简牍"[1]一直都是中华文明最为重要的载体,书写着中华文明的灿烂篇章。竹笏(hù)[2]在周朝时期是仅次于玉笏、象牙笏的重要礼器。此外,竹子在这一时期已经被广泛地制作成各种乐器、武器、生活生产器物,如篪(chí)[3]、笙、殳(shū)[4]、畚(běn)箕、竹盒、竹筒、竹席、竹筐、竹篓、竹枕、竹扇、竹算筹、竹笄、毛笔、竹笔筒、竹弓等。先秦时期的竹制品形制丰富,图案、纹样都有了很高的审美水平。竹子自周代就有了美好的寓意,诗经《卫风·淇奥》中这样写道:"瞻彼淇奥,绿竹猗猗。有匪君子,如切如磋,如琢如磨。瑟兮僩(xiàn)兮,赫兮咺(xuān)兮。有匪君子,终不可谖(xuān)兮。瞻彼淇奥,绿竹青青。有匪君子,充耳琇莹,会弁(biàn)如星。瑟兮僩兮,赫兮咺兮。有匪君子,终不可谖兮。瞻彼淇奥,绿竹如箦(zé)。有匪君子,如金如锡,如圭如璧。宽兮绰兮,猗重较兮。善戏谑兮,不为虐兮。"它描绘了淇水河畔绿竹葱郁的景象,此诗每章均以"绿竹"起兴,借绿竹的挺拔、青翠来赞颂君子的高风亮节,开创了以竹喻人的先河。可见当时对竹子的使用已经立体化、系统化。目前所见较早的竹雕器是湖北江陵拍马山战国楚墓中出土的三兽足竹卮和西汉马王堆一号墓出土的雕龙纹髹彩漆竹勺柄。

　　自秦汉起,竹被赋予了更多的人格思想,从女英、娥皇"以

[1] 简牍:窄而长者称"简",一般为竹制,通常只写一行字;宽一点的称"牍",一般为木制,通常可写数行字。

[2] 竹笏:《礼记·玉藻》:"笏,天子以球玉,诸侯以象,大夫以鱼须文竹,士竹本,象可也。"

[3] 篪:古老的管乐器,用竹管制成。

[4] 殳:先秦时代一种用木或竹制成的长柄兵器,长约3米,以八棱形木杆为芯,每个棱面贴宽约1厘米的竹片,外面密缠丝线、革带、藤皮,表面髹以红漆或黑漆。殳在《诗经》《考工记》《吕氏春秋》《说文解字》等留世著作中均有提及。

涕挥竹，竹尽斑"到"竹林七贤"的君子品德，竹与中国文化的羁绊越来越深。王羲之的《兰亭集序》就诞生在"茂林修竹"之间。松、竹、梅被誉为"岁寒三友"，梅、兰、竹、菊被称为"四君子"。竹子坚贞不屈的凛凛气节使其成为平民百姓、文人雅士的深爱之物。历代描写竹的诗句不胜枚举，如唐代诗人刘禹锡的《庭竹》："露涤铅粉节，风摇青玉枝。依依似君子，无地不相宜。"白居易的《题李次云窗竹》："不用裁为鸣凤管，不须截作钓鱼竿。千花百草凋零后，留向纷纷雪里看。"唐代竹制品的制作工艺已经有了较大的发展，竹刻"留青"技法盛行。现藏在日本的奈良正仓院的唐代"人物花鸟尺八"[1]，从头到尾刻满图案花纹，是唐代竹刻器物的代表。

到了宋代，文人咏竹、画竹的风气更盛，竹被进一步人格化。宋代文人多有对竹的赞美，如杨万里的《芗林五十咏·竹斋》："凛凛冰霜节，修修玉雪身。便无文与可，不有月传神。"又如王安石的《与舍弟华藏院忞君亭咏竹》："人怜直节生来瘦，自许高材老更刚。曾与蒿藜同雨露，终随松柏到冰霜。"这一时期文人对竹的执着喜爱已经不只局限在赞美感叹之中，苏轼曾说："宁可食无肉，不可居无竹。无肉令人瘦，无竹令人俗。"能让这位文豪舍弃肉食，可见竹的感染力是多么强大。

宋代竹有着深厚的民众基础，上层文人、王公贵胄将竹制成各类文房清玩与雅器，日日与之相对，以养清雅的品格。元代陶宗仪《南村辍耕录》中记载南宋初以雕竹驰名的匠人詹成制作的鸟笼："四面花版，皆于竹片上刻成宫室，人物、山水、花木、禽鸟，纤悉具备，其细若缕，而且玲珑活动。"下层民众，也是无一日不见竹，苏轼在《记岭南竹》中就说道："食者竹笋，

---

[1] 尺八：唐时的一种乐器，又称"箫管"或"竖管"。

庇者竹瓦，载者竹筏，爨者竹薪，衣者竹皮，书者竹纸[1]，履者竹鞋，真可谓一日不可无此君也耶！"

宋代随着高座家具的普及，用竹制作的家具品类更为丰富，不仅仅有我们熟悉的竹席，还有床、椅、凳、桌、柜等，几乎涵盖了所知的所有家具品类。宋代记录竹制家具的诗句非常多，如苏轼诗中就有："竹簟（diàn）暑风招我老，玉堂花蕊为谁春。"苏辙也有诗句"冷枕单衣小竹床"。南宋杨万里亦有诗句云："已制青奴一壁寒，更揩绿玉两头安。"竹簟、竹床、青奴、绿玉，竹制品可谓宋代文人消夏的必备物。

青奴又被称为竹夫人、竹姬等，在唐代被称为竹夹膝、竹几，深得当时人们的喜爱。苏轼有不少和竹夫人相关的诗句，如"留我同行木上坐，赠君无语竹夫人"[2]"闻道床头惟竹几，夫人应不解卿卿"[3]"蒲团蟠两膝，竹几阁双肘"[4]。陆游也有诗句："瓶竭重招曲道士，床空新聘竹夫人。"[5]到了清朝，名著《红楼梦》中还有关于"竹夫人"的谜语："有眼无珠腹内空，荷花出水喜相逢。梧桐叶落分离别，恩爱夫妻不到冬。"今天竹夫人依旧在生产使用，它的样式大致有两种：一种是截取长度不超过一米

---

[1] 竹纸：《天工开物·杀青》中有详细记载："凡造竹纸……浸至百日之外，加工槌洗，洗去粗壳与青皮，是名杀青。其中竹穰形同苎麻样，用上好石灰化汁涂浆，入楻桶下煮，火以八日八夜为率。凡煮竹，下锅……盖定受煮，八日已足，歇火一日，揭楻，取出竹麻，入清水漂塘之内洗净。……洗净用柴灰浆过，再入釜中，其上按平。平铺稻草灰寸许，桶内水滚沸，即取出别桶之中，仍以灰汁淋下。倘水冷，烧滚再淋。如是十余日，自然臭烂。取出，入臼受春，山国皆有水碓。春至形同泥面，倾入槽内。"

[2] 相关内容源自苏轼《送竹几与谢秀才》。

[3] 相关内容源自苏轼《次韵柳子玉二首·其一·地炉》。

[4] 相关内容源自苏轼《午窗坐睡》。

[5] 相关内容源自陆游《初夏幽居》。

的整竹，将中间的竹节打通，再在其四周开孔；另一种是用竹篾编织而成，器形是中空的圆柱，四周带孔。竹夫人放置在床上，可抱、可搁脚，充分利用空气流通的原理，起到消暑纳凉的作用。

宋、元时期的绘画作品中有不少竹制家具，例如宋代《文会图》中的靠背椅与足承、《白描罗汉册》中的竹制扶手椅、《十八学士图》中的竹制玫瑰椅，南宋马公显《药山李翱问答图》中的竹制扶手椅，元代钱选《扶醉图》中的竹床等。竹制家具不仅得到平常百姓、文人雅士的喜爱，宋代还有皇帝、太后使用竹椅的记载。赵彦卫在《云麓漫钞》中就曾记录宋高宗南逃至台州临海时，"御坐一竹椅，寺僧今别造以黄蒙之"。

到了明清时期，人们对于竹制家具的喜爱依旧不减，创造性地发明了嵌竹、文竹[1]等技艺，开发出了各种竹制家具和文玩器物，更是有不少的实物遗存。

2011年中国嘉德春季拍卖会"读往会心——侣明室藏明式家具"专场中，拍卖过一对明末清初黄花梨嵌斑竹圆角柜。2016年纽约佳士得"择善藏私——弗拉克斯家族珍藏"专场中，也有一对明末清初的黄花梨嵌湘妃竹圆角柜。这两对圆角柜造型均衡典雅，线条简约疏朗；嵌斑竹做工精巧细致。其中一套的柜门板心以斑竹片组成的六边形几何图案作为装饰；另一套用斑竹排列镶嵌出素雅有序的外观，配合斑竹泪点花纹产生出秀巧隽永的模样，充分体现出了明清竹家具朴素、隽永的美态，与文人士大夫崇尚简朴、隐逸的生活状态相得益彰。

湘妃竹家具在清代深得清廷皇室的青睐。故宫博物院收藏的清乾隆湘妃竹黑漆描金菊蝶纹靠背椅就是清式竹木镶嵌家具

---

[1] 文竹：又称"贴黄"或"翻簧"，其工艺程序是将南竹锯成竹筒，去节去青，留下薄层的竹黄，经过煮、晒、压平后，胶合在木胎上，然后磨光，再于上面刻饰各种人物、山水、花鸟等纹样。

的典型代表。雍正时期的"十二美人图"《博古幽思》和《消夏赏蝶》两图中，也详细地绘制了用湘妃竹制作的桌椅各一件。

值得一提的是清中期（乾隆时期）出现的"文竹"家具及器物。这类器物因为生产、制作的年代相对较晚，所以今天故宫博物院仍有相当一部分保存完好的珍藏，包括文竹提梁小柜、文竹包镶花卉图插屏、文竹包镶小炕几、文竹包镶小凳、杉木胎文竹画案等。这些文竹家具器物品种丰富，器形多样，大小各异，但它们无一不精工细作、工艺高超繁复，至今依旧灵秀可人。

清宫内务府造办处活计档中还有关于用斑竹、文竹制作书架、坐几、挂屏、香几等器物的记载。

雍正七年（1729 年）《各作成做活计清档》"记事录"记载，该年"（十月）二十五日太监张玉柱、王常贵交来绣坐褥全份，刻丝坐褥全份，斑竹大号书架二对（随斑竹座），斑竹中号书架二对，斑竹大号书桌一对，斑竹坐几十二张，斑竹炉罩二十个，各样漆香几十九件，波罗漆都盛盘四件、斑竹中号书桌一张（系年羹尧进），传旨：着送往圆明园，交园内总管太监收贮，将坐褥有陈设处陈设，其余等件俟朕往圆明园去时请旨。钦此"。

雍正十年（1732 年）闰五月二十七日"记事录"记载："据圆明园来帖内称，本日内大臣海望奉上谕：着传与年希尧，将长一尺八寸，宽九寸至一尺，高一尺一寸至一尺三寸香几做些来，或彩漆，或镶斑竹，或镶棕竹，或仿洋漆，但胎骨要轻妙，款式要文雅，再将长三尺至三尺四寸、宽九寸至一尺、高九寸至一尺小炕案亦做些，或彩漆，或镶斑竹，或镶棕竹，但胎骨要淳厚，款式亦要文雅，钦此。"

乾隆四年（1739 年）四月初九日"苏州"记载："七品首领萨木哈，催总白世秀来说，太监毛团传旨：着海保用湘妃竹做戏台上用的棹（桌）子四张，椅子八张，钦此。于本日随交织造海保家人六十五讫。"

乾隆二十四年（1759 年）闰六月十六日内务府造办处行文："郎中白世秀、员外郎金辉来说太监胡世杰交文竹小瓶一对（带鸡翅木座）、文竹昭文带一件……"这是目前关于文竹器物最早的记载。

乾隆三十六年（1771 年）十二月二十日江宁织造寅著进单："文竹天香几成对，文竹细绣大挂屏成对，文竹细绣小挂屏成对，紫檀镶文竹文具成对，紫檀镶文竹桌阁成对，紫檀镶文竹挂阁成对。"

竹制家具器物可玩、可赏，在体现人文情怀的同时又不失华丽高雅，下到贩夫走卒，上到帝王将相，几乎无人不爱，早已成为中国百姓的日常应用之物。历经几千年，时至今日，竹制家具器物在我们生活中依旧常见，可见其蕴藏的文化价值和积淀的深厚。

三、草家具

草编技艺在我国分布广泛，也有着丰富的文化积淀和历史传承。我国先民们用草编织器物、制作家具距今已有 7000 多年的历史。在生产力还不够发达的时期，各式各样的草遍布在中华大地之上，先民们选择出了合适的草，用其编织制作成席、篓、篮、箩等各种家具器物，自此我们有了最初的家具，也拥有了最初的编织技艺，草编技艺自然也是其他编织技艺的鼻祖。在先秦时期，草是制作席的主要原料，草编家具也具有较高的地位，例如《周礼·春官》中记载："司几筵掌五几、五席之名物，辨其用与其位。"五席的制作基本都是用的草，当时已有专业的"草工"，"作萑苇之器"。后来，草编家具逐渐地退出了上层社会，或者说受到上层社会重视的程度逐渐降低。但草编家具凭借优良的特性几千年来一直深得普通百姓喜爱，保持着旺盛的生命力，被长期生产制作和使用。

草编家具原料大多都是就地取材，成本低廉，因此形成的生产中心都具有各地的特色，多是利用当地出产的作物或特有的草种进行加工制作。用于制作家具器物的草料一般需要具备一些特性，包括草茎光滑、节少、质细而柔韧、有较强的拉力和耐折性等特点。

可用于制作家具器物的草有：黄草、苏草、席草（水毛花）、金丝草、蒲草、龙须草、马蔺草、蒯草、荭草、竹壳、箬壳、三棱草、山箭草（民间又称"油草"）、麻草、莞草、麦秸草、稻草等。

草编家具中最为世人熟知的自然是席，俗称席子、席片（pán）、滑子、凉席、明席等。草席虽是生活日用品，但其也承载着丰富的古代礼仪文化，古代人们常常以居席的方式来区别尊卑，由此也产生了"首席""末席""割席"等词语并一直沿用至今。草席作为古代人们生活中必不可少之物，需求量自然巨大，也因此很容易形成生产制作中心。自唐宋开始至今，江苏苏州浒墅关地区一直是草席生产制作的重要区域，民间有"织席从来夸虎丘"的说法。中国古代浒墅关出产的"关席"和浙江宁波出产的"宁席"是中国席业最著名的两大名产。

我们可以通过对关席的介绍来简单了解草席的编织制作过程。

明清时期织席的工艺已经十分成熟，织席一般需要经过选料、劈丝、调筋、添草、压扣、抬扣、落扣等一系列的工序。传统关席制作使用的草是席草，收购时有"定尺先生"专门负责鉴定席草品质。

收购来的原料（席草）需要再次选料，然后过水再晒干，使其表面干净、长短粗细均匀、色泽亮丽，以利于编织。编织肯定会涉及经纬线，关席的编织筋采用的是黄麻（又称络麻，椴树科）。在经过劈麻、牵筋、上扣、湿筋的操作后，黄麻席已经被固定在了织机上，这时编织草席的人才能够上机织席（打席）。

上机织席的步骤被称为添草、压扣，即用竹爿将草梢（根）嵌入经线上的凹眼中。打席操作者谓之："添草一门进，压扣软硬劲。"这个过程比较讲究工艺操作的技巧和熟练度。3 尺以上的席需要双人操作才能完成。一条"二四"单人席，以黄麻为经线，要 35 条；以草为纬线，要 3800 ～ 4500 根。当席织得长度合适了，便从机器上取下来，这一步骤被称为"落扣"。最后按照同等规格 4 条草席卷成一筒，称为卷筒。一条中等阔幅（三六尺幅）的草席一天也就只能制作两条，由此可见手工织席的不易。

第三节　石制家具

石材是指从天然岩体中开采出来，经加工成块状或板状的材料。石材是一个总称，种类繁多，不同的种类具有不同的特性，总体来说，石材相较其他家具材质，质地更为坚硬，具有更好的耐磨性和耐久性，能防火、防潮，有的石材具有天然的花纹，具有很好的观赏性。

一、石制家具与石文化

石制家具相较木质家具，在中国古代家具中只能算一个很小的分支，但很多环境下石制家具比木制家具更能体现古典文化的意象和精神内涵，展现中华文化的丰富性和多样性。这也使其成为中国古代家具体系中不可忽视的存在。

自石器时代开始，人类对于石材的利用就从未中断，以玉为中心载体的石文化，贯穿了中华文明史，是中国传统文化的重要组成部分，也是中华文明区别于世界其他文明的一个重要标志。自女娲采石补天，到孙大圣石破天惊，再到《石头记》里贾宝玉灵石化人，我国古代拥有众多和石相关的神话故事，在这些神话故事中，我们可以深切地体会到人们对于各种石头的喜爱，石头也在中国的历史长河中逐渐地被精神化、人格化。

石器时代，燧石、玛瑙、石英岩、石英砂岩、角岩及各种硅质岩等被打制、磨制成斧、凿、刀、镰、犁、矛、镞等工具，帮助人类开启了文明的进程。从红山文化的玉猪龙开始，以玉为代表的各类软质石材就被大量制作成各种饰品和实用器物，奠定了石文化的基础。到了先秦时期，"君子比德于玉"，由此产生了大量的玉石器物，有象征权力的琮、圭、璋、璧、琥、璜，也有随身携带的玉佩、玉珏、玉玦、玉带钩等，当时的贵族可谓"君子无故，玉不去身"。除玉石外，用灵璧磬石制作的磬可以"予击石拊石，百兽率舞"[1]，是中国古代最为重要的乐器、礼器之一。花岗岩材质的陈仓石鼓更是被誉为"中华第一古物"，有中国最早的石刻诗文，乃篆书之祖。先秦时期还有臼、杯、梳、棋盘等众多的用石材制作的生活器物。

秦汉时期的金缕玉衣是帝王的专属，石刻、石雕、画像石、画像砖在汉代的墓葬中更是常见之物。人们还利用滑石制作了鼎、盒、壶、钫、耳杯、盘、案等饮食生活器具和随葬器物，这些器物大多光洁无纹、素面朝天、古拙灵动，散发着浑厚朴实之美。今天我们还能看到汉代用石头建造的建筑——汉阙。汉代人们对石材的应用更加的广泛，《三辅黄图》中对汉代皇家

---

[1] 相关内容源自《尚书·尧典》。

"清凉殿"的描述是这样的："以画石为床，文如锦，紫琉璃帐，以紫玉为盘，如屈龙，皆用杂宝饰之""又以玉晶为盘，贮冰于膝前，玉晶与冰同洁"。画石为床、玉盘承冰，这时石材作为家具的用材已经有了明确的记载。河南郸城还有了石榻实物的出土。

南北朝时期，郦道元在《水经注·夷水》中讲道："村人骆都，小时到此室边采蜜，见一仙人，坐石床上；见都，凝瞩不转。"看来以石为床俨然已经成为常见之事，除了凡夫俗子，石床也深得仙家喜爱。这一时期，通体石材的围屏石床成为一种新型的葬具。在《西京杂记》中有这样的记载："魏襄王冢，皆以文石为椁……中有石床、石屏风，婉然周正。"今天有不少制作精美、纹饰内容丰富的石床被发现，石床和所围石屏上用阴线刻或浅浮雕绘制的画面，让我们不仅可以了解墓主人的生平、中国孝道文化，还可以了解当时的社会场景、建筑风貌。同时，石床也是中国家具样式演变的重要例证，如我国洛阳古代艺术博物馆收藏的洛阳出土石屏风、深圳金石艺术博物馆所藏的翟门生围屏式石床、甘肃天水石马坪文山顶北朝墓出土的石床以及美国芝加哥艺术博物馆收藏的围屏式石床。

南北朝时期是我国自然山水向园林文化迈进的重要时期。造园赏石也是士大夫阶层重要的活动之一。《南齐书·文惠太子传》中记载，文惠太子在建康开拓私园"玄圃"。园内"起出土山池阁楼观塔宇，穷奇极丽，费以千万。多聚异石，妙极山水"。异石一词在这里首次出现，赏石文化自此深深地扎根在了文人的灵魂里，一发而不可收。北魏杨衒之在《洛阳伽蓝记》中记载司农张伦造景："伦造景阳山，有若自然。其中重岩复岭，嶔崟相属，深溪洞壑，逦逶连接。"可见六朝时期山石造园已经系统化、专业化且初具规模，为后世用石、赏石打下了坚实的基础。

隋唐观石、赏石的风气更盛，并且提出了苍、拙、灵、秀的审美标准。在唐代画家阎立本的《职贡图》中就画有异域之人进贡玲珑山石的情景。白居易、刘禹锡、牛僧孺、李德裕都是当时赏石、品石的高手，他们都有不少的咏石诗文流传，如白居易的《太湖石》《莲石》《问支琴石》《双石》，刘禹锡的《石头城》《谢柳子厚寄叠石砚》等。

双石
白居易

苍然两片石，厥状怪且丑。俗用无所堪，时人嫌不取。
结从胚浑始，得自洞庭口。万古遗水滨，一朝入吾手。
担异来郡内，洗刷去泥垢。孔黑烟痕深，鳞青苔色厚。
老蛟蟠作足，古剑插为首。忽疑天上落，不似人间有。
一可支吾琴，一可贮吾酒。峭绝高数尺，坳泓容一斗。
五弦倚其左，一杯置其右。洼樽酌未空，玉山颓已久。
人皆有所好，物各求其偶。渐恐少年场，不容垂白叟。
回头问双石，能伴老夫否。石虽不能言，许我为三友。

诗中形象地描述了怪石的外观特点和神韵，真切地表达了诗人对怪石的喜爱。诗人与石交友，一起弹琴饮酒，共度余生。在诗人心中，石头并非死物，早已被赋予了生命，能与诗人一起达到物我两忘之境界。在《太湖石记》中，白居易将赏石心得归纳总结为"三山五岳，百洞千壑，覼缕蔟缩，尽在其中。百仞一拳，千里一瞬，坐而得之"。他的好友刘禹锡在《董氏武陵集记》中提出的"境生于象外"，也许就是他和白居易、牛僧孺共同赏石的心得体会。牛僧孺一生清廉，唯独不能拒绝奇石。相传他得到一块太湖石后写诗《李苏州遗太湖石奇状绝伦因题二十韵奉呈梦得乐天》，并邀请白居易和刘禹锡共赏，二人观赏后也大为称奇，刘禹锡奉和了一首《和牛相公题姑苏所寄太湖石兼寄李苏州》。三人赏石的千古佳话是我国唐代文人赏石、爱石的真实写照。

今天唐代的石材器物遗存并不多，主要有石碑两侧的纹饰、小件的玉器、墓葬中的石刻以及墓道人物、墓道兽等。其中最为精美的石材器物应该是何家村窖藏中的兽首玛瑙杯，此杯为缠丝玛瑙精雕而成，兽角为杯柄，兽口镶金帽，充分展现了唐代精湛的玉雕技艺。唐代石材质地的实物家具虽未曾见到，但通过敦煌莫高窟中的石制须弥座、莲花台，我们能充分感受到佛教在中国家具演变过程中起到的作用，看到中国家具由低矮家具向高座家具演变的历程。

来到宋代，随着园林艺术发展得愈加成熟，赏石、观石自然已经是寻常之事。所谓"片山多致，寸石生情"，无论皇家、私家或寺观园林都可看到石景。园林之中也出现了新的雅玩之物"石盆"。石盆作为中国古典园林中重要的家具部件，在园林景观中无疑具有特殊的地位。石盆的形态装饰或古朴典雅，或精致玲珑，或粗犷豪放，体现出的是古代文人的审美与文化追求，它们源于自然、师法自然，是自然美与人文艺术之美的结合，深受文人墨客等园林爱好者的追捧。古人云："盆玩者，需古雅之盆，方惬心赏，然盆古为难。"石盆的材质多样，包括汉白玉、青石等，这些材质不仅美观，而且耐用，能够长时间保持其实用性。石盆在园林中可种石养木、植荷赏鱼，用途极广，不仅是园林中的装饰品，还是体现主人品位、个性和审美观念的重要标志。今天古代传世的石盆很多，我们在寺观景观、私家园林、皇家园林中经常能见到它们的身影。

宋代文人用诗词、散文、书画来赞美石头的比比皆是，由此产生的作品也非常的丰富，其中对石最为痴狂的当属宋徽宗、苏轼、米芾。宋代徽宗为建造"艮岳",专设"花石纲"[1]敛聚奇石,把宋代赏石推至巅峰。他还根据苏杭运来的太湖石,写生创作了《祥龙石图》。此画以太湖石为主体,画面造型奇特雅致,表现细腻入微,笔法细劲灵动,以水墨层层渲染,配以七言诗与宋徽宗的"瘦金体",浑然一体,非常协调,是赏石作为主体的绘画作品中的典范,诠释了宋代赏石"瘦、透、漏、皱"的标准,在奇石姿韵之美下,为我们展现出了"形似以物趣胜,神似以天趣胜"的内在精神,实现了从写照传神到寓意、诗意的提炼。

米芾曾自嘲"癖在泉石终难医",米芾和石的故事很多,也非常有趣,比如米芾拜石的典故。在米芾和石相关的作品中,最为重要的当属《研山铭》。相传晚年的米芾在得到一块形状呈山形,刚好可做墨池用来研墨的灵璧石后,如获至宝、爱不释手,连续三晚抱着石头才能入睡。即便是这样,还是意犹未尽、心意难平,于是挥毫泼墨,便留下中国书法史上非常重要的作品《研山铭》。

2002 年,《研山铭》被国家文物局自日本拍得后藏于北京故宫博物院。

宋代大文豪苏轼留下的咏石诗文众多,有《咏怪石》《双石·并引》《仇池石》《雪浪石》《壶中九华诗》等诗词,以及《怪石供》《后怪石供》等短文,此外还有其绘制的《枯木怪石图》(又名《木石图》)传世。苏东坡在《文与可梅竹石赞》中讲道:"梅寒而秀,

---

[1] 崇宁四年(1105 年)十一月,徽宗命朱勔在苏、杭设置应奉局,专门搜求奇花异石,称为"花石纲"。花石纲每年源源不断地运往京师,"纲"意指一个运输团队,往往是十艘船称一"纲"。由于花石船队所过之处,当地的百姓要供应钱谷和雇民役,有的地方甚至为了让船队通过,拆毁桥梁,凿坏城郭。因此往往让江南百姓苦不堪言,《宋史》有记载花石纲之役:"流毒州郡者达二十年。"

竹瘦而寿，石丑而文，是为三益之友。"似乎苏轼对怪石的"丑"有着自己的审美见解。

宋代中国全面进入高座家具时代，家具的样式种类也更为全面，纯石材家具和嵌石家具在这一时期都已经出现。在宋代众多的绘画作品中，我们其实能看到桌、凳的面和整体材质有所不同，只是没法确定具体的材质，如宋代佚名画家的《蕉阴击球图》、宋苏汉臣的《秋庭戏婴图》等。

宋代的石制家具实物虽不曾见到，但我们同样可以通过绘画作品来一睹其风采。在南宋刘松年的《十八学士图》中，用来展画的高脚桌很明显是木制，值得一提的是其桌面是黑白的山水，这无疑就是我们熟知的大理石。大理石的使用在宋代已经非常的广泛，宋代文人文熙还专门编著了一部《大理石录》，详细记录了当时和大理石相关的文献、诗赋等，是目前对大理石文化的最早总结。

屏风作为我国古老的家具之一，发展到宋代已经是官宦人家、富商巨贾家中必备之物，其样式已经非常的多样，在宋画中经常能看到它的身影。宋代的屏风大部分是画屏、绣屏，如刘松年的《罗汉图》、苏汉臣的《妆靓仕女图》、佚名的《羲之写照图》、佚名的《孝经图》等作品中的形象。宋人何梦桂在《愚石歌》中提道："石润可以砚，石文可以屏。"以石为屏在宋代并不少见，在王诜所绘的《绣栊晓镜图》中，榻上放置的独屏很可能就是大理石制作的石屏。除大理石外，在宋代可做石屏的石材还有很多，如虢石、祁阳石等。《云林石谱》[1]中记载虢石："虢州朱阳县，石产土中，或在高山……色深紫，中有白石如圆

[1]《云林石谱》：由宋人杜绾编撰，是一部百科全书式的赏石知识汇编。全书约1.44万字，分为上、中、下三卷，以名称为目，总共记载了116种不同的赏石。

月，或如龟蟾吐云气之状……"《骖（cān）鸾录》[1]中记载宋代永州祁阳县"新出一种板，襞迭数重，每重青白异色，因加人工，为山水云气之屏，市贾甚多"。

随着园林的发展，户外家具也成为寻常之物。石材自然是户外家具的首选材料。今天能明确是宋代的石椅、石凳虽不多见，但通过绘画作品等资料，我们依旧可以看到宋代石制户外家具的面貌。

宋徽宗的《听琴图》中，三人皆以石为凳，以松石为友，以琴书为伴。石凳上铺设的"软垫"，也许是北宋时期史书中记载的用于区分等级的"狨座"[2]。叶梦得在《石林燕语》中记载："从官狨座，唐制初不见。本朝太平兴国中始禁，工商庶人许乘乌漆素鞍，不得用狨毛暖座。"石凳配狨座，雅致中彰显奢华，可谓是庭院家具的最好配置。

在马公显的《药山李翱问答图》中，身着官服的李翱双手作揖，站于一方巨大的石桌前，与坐于竹椅上神态诙谐、伸手指天的药山正在交流着什么。古松、石桌配竹椅，宋代文人的风雅性情，天然质朴，虽历经千年依旧为今人津津乐道，心向往之。石材家具因其自身质朴天然的特点，在诠释、传递闲适清高、幽独高雅之逸兴时，很容易让人领悟、提炼出"但听松风自得仙"的境界。

今天我们依旧能看到不少宋代的石制家具，如浙江东钱湖南宋史诏墓墓前的宋代石椅，重庆大足石刻中的供桌、凭几等。

明清时期，中国古典园林已经进入了成熟期。石制园林家具的样式、数量更加的丰富，制作也更为精美。石桌、石案、石墩、石几、石匾、花台、石凳等已经有了相对固定的形制，

---

[1]《骖鸾录》：宋代范成大所撰游记。

[2] 狨座：用金丝猴皮毛制成的坐垫。狨，金丝猴。

形成了比较成熟完备的生产系统，今天我们看到的石制家具大多来自这个时期。明清时期的庭院石家具遗存很多，在我国各地，明清时期的园林和大户人家家中大多都有留存。受到石质和周围环境的影响，有的风化严重，有的保存较为完好。

明清时期的园林石家具，大多以简单的基础造型装饰少量精美的纹饰，整体感觉素净淳朴。园林家具的这种风格特点主要出于两方面的考虑：（1）需要在户外长时间暴晒雨淋，过多的装饰意义不大；（2）能完美融入自然风光，勾勒出文人雅士向往追求的精神世界。这一时期自然也有不少装饰繁缛、雕刻精美的石家具，特别是清中期以后，雕饰精美、繁缛的程度更甚。

在文震亨的《长物志》中，石制家具和周围环境的搭配非常讲究，最为值得推崇的是与竹子的组合——"竹下不留纤尘片叶，可席地而坐，或留石台石凳之属"，再配以"别设石小几一，以置茗瓯茶具"。竹、石、几、茶所营造的氛围，可谓是对《陋室铭》不慕荣华、安贫乐道精神的最好诠释。在仇英的《竹院品古图》中，我们就能看到明清文人所追求的理想场景。画中竹林掩映着曲折圆润的太湖石，经过精心设计和雕琢的石制鼓墩配合造型独特的石方桌，相得益彰，书童正在整理桌面的棋盘，两只小狗正在嬉戏打闹，好一份闲适恬静。

纯粹的石制家具除了安置在园林庭院里，也是最为重要的祭祀用品或陪葬品。明十三陵明楼前就有以石材打造的五供（包括一只香炉、一对烛台和一对花觚的经典供奉用品组合）。在万历皇帝的定陵中，我们还能看到用汉白玉打造的宝座。

石制家具还是农耕社会民间最为常见的生产生活用具。在广大的乡间地头，藏有大量的石制家具，如石碾、石舂、石盆、石槽、石缸等，只是由于它们造型的简陋与质朴，往往被人们所忽视。但这些石制家具却是中国农耕社会兴衰的真正见证者，是中国人乡土情怀的最好寄托物。

　　除了纯粹的石制家具，还有一类将石材和其他材料组合在一起制作成的家具——嵌石家具。这类家具从宋代出现，在清中期发展达到顶峰，以木石结合最为多见。木石结合的嵌石家具一方面具有木材漂亮的色泽纹理、良好的亲肤性；另一方面也可以充分体现石材质感冰凉、质朴天然的特性，同时两种材质还相互弥补了特性上的不足，使得家具整体软硬度适中的同时还极具观赏性。

　　这类家具在明清时期种类非常丰富，各式桌、几、凳的面板，椅座、罗汉床的靠背板等都常被镶装石板。此外还有柜门的门心，插屏、挂屏、座屏、围屏等各式屏风，都常以嵌石作为装饰。故宫博物院中有很多此类家具的遗存，在民间，此类家具也非常常见，木石家具在明清时期的数量应该相当可观。

　　用于镶嵌的石材加工方式可分为两种（以石屏风为例）。一种是将石材制成石板，欣赏石材的天然纹路，如大理石、燕子石等。文震亨曾在《长物志》中写道："屏风之制最古，以大理石镶下座精细者为贵。"另一种是将石材切割成板后，巧妙地利用石材的色泽纹理，运用石雕技艺，将石材雕刻成画，如寿山石、祁阳石等。清代纪晓岚在《阅微草堂笔记》中就曾记录一嵌石插屏："尝见梁少司马铁幢家一插屏，作一鹰立老树斜柯上，觜距翼尾，一一酷似；侧身旁睨，似欲下搏，神气亦极生动。"无论哪种石屏，一般都会选用硬木进行搭配。

二、家具用石材

　　用作镶嵌的石材最开始被统称为"文石"，后逐渐地根据其产地和特点细化，各种石材有了更为详细的名称。

1. 大理石

大理石产于云南大理点苍山，又被称作点苍石。本色呈白色，因含有色矿物质，剖面可以形成图案，宛若一幅天然的水墨山水画，变幻莫测。大理石是我国使用较早且最为广泛的观赏用石，早在唐代，其观赏价值就已为世人所知。我国历代关于大理石的记载非常丰富，明代旅行家徐霞客见到大理石后，赞叹："造物之愈出愈奇，从此丹青一家，皆为俗笔，而画苑可废矣！"根据颜色花纹的不同，可将其分为彩花石、云灰石、纯白石和水墨石。

明文震亨在《长物志》中记载："（大理石）出滇中，白若玉、黑若墨为贵。白微带青、黑微带灰者皆下品。但得旧石，天成山水云烟，如米家山，此为无上佳品。古人以相（镶）屏风，近始作几榻，终为非古。"其不仅描述了大理石的珍贵程度和品质鉴别方式，还反映了其在应用过程中的变迁和人们对其的审美观念。明谢肇淛在《五杂俎·地部》中写道："滇中大理石，白黑分明，大者七八尺，作屏风，价有值百余金者。然大理之贵亦以其处遐荒至中原甚费力耳。"可见人们对于大理石的经济价值和艺术价值的推崇。

2. 汉白玉

白色大理石一般称为汉白玉，也写作"旱白玉"。相传从汉代开始，汉白玉就被用作建筑装饰材料，所以得名。明谢肇淛《五杂俎·地部》记："京师北三山大石窝，水中产白石如玉，专以供大内及陵寝、阶砌、栏楯之用，柔而易琢，镂为龙凤芝草之形，采尽复生。"北京房山大石窝镇高庄汉白玉品质最优，人称"中国1号"。汉白玉家具多以石桌、石凳、石墩等形式出现，在故宫的御花园、乾隆花园、建福宫花园、颐和园等园林中皆有遗存。

3. 寿山石

寿山石为福州特有的名贵石材，"温润光泽，易于奏刀"，是中国传统"四大印章石"之一。寿山石质地晶莹、凝脂如玉、色彩斑斓，享有"细、结、温、润、凝、腻"六德之誉。用寿山石制作的画屏很多，常雕刻动物、山水、人物等图案，充分体现古代手工艺人对于石材质地的掌控和精湛的雕刻技艺，让人领略"石中画，画中石"的艺术效果。

4. 砚石

砚石为用于制作砚台的石材，因为需要研墨和揽笔，砚石的质地往往致密滋润，传统四大名砚用石为端石、歙石、洮石和红丝石。砚石也是制作画屏的绝佳材料。

端石产于广东端溪，色青紫，质细，易发墨，肌理如玉。

歙石产于安徽歙县，颜色以黝黑色为主，若以水浸之则显青黑色。石质细密、坚韧、温润，有天然生成的金星、眉子等纹理。

洮石产于甘肃洮河之滨，质地坚实玉润，肤理缜密，色泽雅丽，有碧绿、紫红、黄、红绿相间等色。

红丝石产于山东青州，其质嫩理润，色泽似晚霞，华缛而不浮艳。春秋孔子说其"琼脂玉花"，西晋张华撰《博物志》中有"天下名砚四十有一，以青州红丝石为第一"的记载。

5. 祁阳石

祁阳石产于湖南永州，又称"永石"，属黏土质板岩，石质不是很坚硬，可以作为砚材，色泽匀净，质地温润细腻，多为浅绿色或紫红色。明文震亨《长物志》记："永石，即祁阳石，出楚中，石不坚，色好者有山、水、日、月、人物之象，紫花者稍胜。……大者以制屏亦雅。"明王佐在《新增格古要论》中记录："永石，此石出湖广永州府祁阳县，今谓之祁石。永石不坚，色青，好者有山、水、日、月、人物之象。……青花者锯石板可嵌桌面屏风，镶嵌任用，皆不甚值钱。"南京博物院、颐和园都各自收藏有一件清代海屋添筹祁阳石插屏。工匠巧妙地利用了石料的天然色彩变化，以浅浮雕手法雕刻出山峦起伏、亭台楼阁、仙鹤神仙，屏风色彩浑然天成，颇具古意，让观者仿佛置身于仙境。

6. 南阳石

南阳石产自河南南阳，又名"硫黄石"。石质坚且极为细润，有纯绿色花、淡绿花、油色云头花等品种，是明清时期制作琴桌等家具的主要石料。明曹昭《格古要论》："（此石）纯绿花者最佳。有淡绿花者，有五色云头花者，皆次之。性极坚，细润，锯板可嵌卓（桌）面砚屏。其石于灯前或窗间照之则明，少有大者，俗谓之硫黄石。"

7. 花斑石

花斑石为石材中的珍品，又名紫花石或花斑玛瑙石，历史上多为皇家建筑用材，禁止民间私自开采。石材质地坚韧、细腻温润，色彩斑斓亮丽，图案丰富多变，有红、紫、绿、橙、黄等多种颜色。明曹昭在《格古要论》中记载："土玛瑙，出沂州，花纹如玛瑙，红多细润，不搭粗石者为佳，胡桃花者最好，亦有大云头花及缠丝者，次之。有红白粗花者，又次之。大者五六尺，性坚，用砂锯开板，嵌卓（桌）面胡床屏风之类，又谓之锦犀玛瑙。"明文震亨在《长物志》中也有记载："土玛瑙，出山东兖州府沂州，花纹如玛瑙，红多而细润者佳，有红丝石，白地上有赤红纹。有竹叶玛瑙，花斑与竹叶相类，故名。此俱可锯板，嵌几榻屏风之类，非贵品也。"可见大块花斑石用作桌面、床屏等的镶嵌材料在明代就已经得到了人们的广泛认可，因其花纹美观也被誉为"锦犀玛瑙"。

8. 湖山石

湖山石产于江苏南京湖山。《聊斋杂记·石谱》中有关于湖山石的记载："青黑，类太湖，纹类骰子、香楠，可嵌桌面。"

9. 玉石

玉石作为我国最常见珠宝之一，材质温润，最受国人钟爱。根据材质的软硬程度不同，可分为硬玉和软玉。软玉在明清时期的家具中使用广泛，很多面心、屏心都用整玉镶嵌，用料多为白玉、青玉和碧玉，也有少量玛瑙料等。

此外，被用作家具材料的石材还有孔雀石、海藻化石、海螺化石、泰山燕子石等。

第三章

中国家具的特征及文化基因

中国家具的演变历程是一部实用与艺术并重的历史文化长卷。透过中国家具，我们能看到丰富的历史信息与深厚的文化内涵，以及各个时代人们的审美追求。

五千多年来，中国家具拥有了丰富的形象特征，在不同时代有着自己的面貌，或是简练质朴，华丽大方，或是典雅隽秀，温婉简约，抑或是东西兼容，粗犷奢豪。丰富各异的形象面貌无法掩盖的是一脉相承的文化基因、始终如一的榫卯结构，以及对严谨精湛的手工技艺的传承和延续。

中国家具传承有序，发展脉络清晰。数千年积淀的装饰纹样，拥有丰富的吉祥寓意，是历代劳动人民对于美好幸福生活追求和向往的真实体现。中国家具既是中华文化的承载者，也是缔造者，它承载着儒家的礼制秩序，也完美体现了中国古代"天人合一"的哲学思想，更是文人雅士赞美歌颂、睹物思情的完美对象。

中国家具是科学性与艺术性的完美结合，通过中国家具的装饰、材质、工艺以及结构设计，我们可以体会到古代劳动人民对于科学技术孜孜不倦的求真精神，对于探索新世界的勇气与智慧。中国家具蕴含着的独特、深厚艺术魅力和丰富的文化基因，是中华民族文化遗产的重要组成部分。

第一节　中国家具的工艺技术（木制家具）

中国家具不仅仅是普通的生活实用品，更是中国古代科技、文化和艺术相结合的产物。中国家具从选材、设计到制作工艺，每一步都蕴含着古代工匠们的智慧和匠心，每一件家具都是古代劳动人民对美的追求和对生活的热爱的体现。通过对中国家具的工艺技术的了解，我们能更深刻地体会文明传承与发展的不易，更深切地领悟何为"器以载道"。

一、中国家具的制作流程

传统木制家具的制作工序繁复，以硬木家具为例，要先后经历十几个工艺流程，包括伐木、放排、选料、配料、画线、开料、木部件细加工、开榫凿眼、雕花、磨活、攒活、净活、烫蜡擦亮等。

1. 伐木、放排

林场成材的树木，首先需要砍伐。因为林场多在山上，地势较高，古代又受到运输条件的限制，砍伐下来的木材，一般会顺坡滑入当地的河流。放排工会将滑入河里的木头直接扎成很大的筏子（也叫排子），顺流而下进行运输。筏子既是运输工具又是货物，放排还有一个非常重要的作用，就是帮助木材脱脂。

2. 选料、配料

选料是根据家具的形制、家具不同部位的要求，选择尺度大小合适的木材。一般要注意木材的颜色、纹理（便于刮刨，也需要兼顾家具成形后的美观）。配料是指在选料的基础上，就花纹、颜色等进行精心对比组合，特别要注意同一件家具的色泽及纹理走向。精心的选料、配料不仅可以使一套家具更加的自然美观，还可大大提升家具的价值。

　　成套的家具最好选用同产地、同批次、质地接近的材料。一件家具最好是"一木连做"，即同一件家具用同一块木材制作，这样家具在常温下的收缩比一致，不容易发生形变。

　　3. 开料和木部件细加工

　　选好料之后，就需要在木材上画线，合理规划材料。利用锯子将原木加工成板材，再将板材切割加工成枋（方）形或符合标准形状的毛料，随后用刨子对毛料进行细加工，才能得到标准尺度的精料（刨料时需要注意各边的垂直，减小后续开榫的误差）。

　　4. 画线

　　画线是传统家具制作过程中重要的前期规划环节，木工行话"巧眼不如拙线"，在开料、开榫、凿眼等环节都需要画线。画线会用到墨斗、炭笔、矩尺、弧线尺等工具。

　　5. 开榫凿眼

　　根据各部位连接的情况，按照画线标记的位置，精确地制作出不同的榫卯结构。一般做榫头会采用锯割的方法，做卯眼会采用凿挖的方式。因加工过程中尺寸大了可以改小，尺寸小了，则无法增大，所以开榫、凿眼时要特别注意放线的合理性（木工行话叫"吃线""让线"，二者含义不同，适用的部位也不同），为二者预留修整、校正的余料。

　　6. 认榫

　　在部件做好榫卯结构后，会进行试组装，组合成相对完整的结构单元，这个过程被称为认榫。认榫的过程主要是检查榫卯的大小和严密程度，确保形状规整，没有歪斜或翘角等情况。如发现不妥，要及时修整。榫卯一般不求光洁，只需保持平整。为了保证装配后的木料相互垂直，榫卯的连接处严丝合缝，在加工过程中需要十分小心，一般会用修整工具对榫头和卯眼进行多次细心修正（术语叫"研口"或"严口"）。

通过认榫，家具会形成一个稳固的整体，这个步骤可以直接保证家具的质量和使用寿命。好的认榫工艺还可以提升家具的美观度。

7. 雕花

在认榫之后，就可以在家具部件上进行雕刻花纹和起线打圆等工作了。雕花时需要把各种部件拆开，在需要进行雕花的部件上进行雕刻加工，在制作完成后再重新组装。雕花起线之所以在认榫之后，是为了保证在制作加工时各部件能在同一平面上，深浅一致，能完美地衔接。雕花一般有凹雕、凸雕、圆雕、通雕四大类，是一个大工序，其中分为画活、起底、雕刻、做细等工序步骤，传统木工雕花使用的雕刻刀可分为平刀、斜刀、圆刀、三角刀、刿刀、反曲刀等，根据制作内容的大小，雕刻刀也有大有小。

凹雕又称阴雕、沉雕，雕刻的内容低于平面，多为文字或绘画图案，常见于牌匾、屏风、箱匣、橱柜等的嵌板。

凸雕又称阳雕、浮雕，先在平板上绘制或拓印好图样，之后雕去图样周围部分，使文字、图案呈现浮雕效果。根据图案的高低，可分为深浮雕和浅浮雕。深浮雕常用于建筑构件，浅浮雕常用于家具的装饰雕刻。

圆雕又称立体雕，主要用于家具的局部，如腿足、柱头、端头等部位，内容多是花果、祥兽、历史故事等。

通雕又称透雕，在浮雕、镂刻传统的基础上将画面多层次地镂通，达到重重叠叠的效果。

8. 起线打圆

线条是传统家具中最为常见的装饰形式，式样非常丰富，有弄堂线、竹片浑、文武线、瓜棱线、洼线、皮带线、冰盘沿、芝麻梗等。起线是指将这些线条装饰模板图案绘制在家具部件上，然后用各种锯子锯出高低起伏的轮廓。打圆则是将起线后的家具表面修整得更加的光滑，对需要的部位进行倒角等处理。通过起线打圆，家具的空间层次感会更加丰富，表面更加圆润，手感舒适。

9. 磨活

磨活指在家具组装之前对制作好的家具木部件进行打磨，使每一个部件表面没有刀痕、擦痕，精细平整，用手抚摸时感觉不到任何的凹凸不平。

10. 攒活

把所有的准备就绪的部件正式组装起来，称为攒活，也叫"使鳔"。一般先组装部件，如门扇、面板、侧山等，装好后进行测量，确保没有尺寸上的误差，待其自然干透，然后进行整体组装。虽然榫卯结构已经使传统家具非常的严密结实，但仍然需要用胶对榫卯连接处进行粘接。攒活过程中使用到的胶一般是鱼鳔或猪皮鳔[1]等动物胶，所以也被称为"使鳔"。

攒活时需先将鱼鳔加热好，然后分别涂在榫头和卯眼上，安装过程中多余的鱼鳔会被挤出，要及时清理干净。在使鳔的过程中需要非常注意家具的尺寸变化，避免误差，及时通过挤、压、推、拉的方式进行调整，如果等到家具干透、鱼鳔固化，就很难再矫正过来了。安装好的家具一般静置一两天，等到鱼鳔自然干透就可以了。

11. 净活

组装好并且静置了一两天的家具，需要做最后的修整，称为净活。净活的主要工作内容是对木材表面和接口处用耢刨（蜈蚣刨）进行刮平修整，刮除胶迹，对新加工处进行二次打磨。

---

[1] 鱼鳔和猪皮鳔都是动物胶，优点是在常温下会冻结，有很强的黏性，受热时又复为溶液而失去黏性。正因为这个优点，中国古代家具的榫卯都用动物胶粘以便于维修，但也因此有了怕水浸、怕受热的弱点。

12. 火燎

火燎是指用高度白酒涂在家具上，然后点燃，通过快速燃烧去除家具表面的细小毛刺。

13. 刷色

刷色也称为抹色，用棉丝或软布，蘸上染色剂，均匀地顺木纹擦拭，要避免染色剂流淌。传统染色剂可以用热酒精浸泡紫檀木的粉末制成。

14. 烫蜡擦亮

传统的烫蜡工艺是直接把土蜂蜡加热融化后刷到家具表面，再进行高温烘烤，使其渗入家具木质深处，同木质树脂等一起形成保护膜，烫蜡后的家具表面显示出美丽的木纹、颜色和光泽，这样处理后的高档红木家具会越用越光亮，越用越柔润。烫蜡工艺是传统家具制作的最后一道工序，对打磨的要求极高，今天一般只有名贵的硬木家具才会采用。

二、家具制作的工具

木作作为古老的行业，在经过了漫长的演变和发展后，开发积累了各种丰富的工具，人们很多时候用"锯刨斧凿"来概括木匠的工作，也有人说一辈子都不可能收集齐木匠的工具。总体来说，木匠的工具大致有木马、马钉、墨斗、锯子、刨子、凿子、油擦、木工尺、鲁班尺、牵钻、斧子、木锉等，精妙的建筑、绝美的家具都由它们打造。这些工具是木匠技艺的重要载体，在为我们构建出中国古代辉煌的木构世界的同时，也展示了传统木工文化的非凡魅力。

1. 木马

这是最为基础的木工工具，主要用于木材的初步加工，将原木切割成板材。一般需要一对木马配合使用。

2. 马钉

马钉是与木马配套使用的，将木材固定在木马上便于切割。

3. 墨斗

墨斗是弹画长直线时所用的工具，由墨仓、线轮、墨线（包括线锥）、墨签四部分构成。木匠用它来弹线，方便标记和参考，它在泥、石、瓦等传统行业中也是必不可少的工具。

4. 锯子

锯子的种类很多，可分为框锯、刀锯、槽锯、板锯等，是木工的必备之物。

框锯：又名架锯，由工字形木框架（锯梁和两个锯拐）、绞绳、锯标、锯钮、锯条等部分组成。根据用途不同可分为顺锯、截锯、开榫锯、绕锯（挖锯、曲线锯）等，按锯条长度及齿距不同可分为粗、中、细三种。框锯可以完全拆分，组装时先组装工字框架，再通过锯钮将锯条固定在框架上，锯钮还可以调整锯条的角度。绞绳安装在工字框架的另一端，绞紧后将锯条绷紧，即可使用。

刀锯：主要由锯刃和锯把两部分组成，可分为单面、双面、夹背刀锯等。

板锯：又称手锯，由手把和锯条组成，主要用于锯割较宽的木板。

5. 刨子

中国最迟在宋元时期出现了刨子。刨子和锯子一样种类样式丰富，可以分为长刨、中刨、短刨、光刨（细刨）、弯刨、线刨、槽口刨、座刨、横刨等。刨子一般由刨身、木柄、刨刃、刨盖、螺栓、木楔六部分组成。刨身的底部称为刨底，刨底是否平整光滑决定了所刨出平面的规整程度。刨身上会开出一个凹槽，称为刨堂或槽口，用于安装刨刃和刨盖。俗话说"立一卧九，不推自走"，说的是刨刃安装时的角度，是木工师傅精湛技艺和丰富经验的总结。

不同大小的刨子适用的场合有所不同。小刨子因为体积小，可精确刮平小范围的不平面，多用于净面处理；混刨子用于大面积木料的平整；最长的缝刨则是用于精确加工。刨子使用一段时间后，为了减少刨子与木头之间的摩擦力，会用油擦子把润滑油擦在刨刀上，以保证刨子在使用时的顺滑。

6. 凿子

木匠因为需要进行凿眼、挖空、剔槽、铲削等方面的操作，所以一般会有很多样式、大小不一的凿子。中式木工凿一般由三个部分组成：铁箍、木柄、凿身。连接木柄的部分被称为凿库，前端开刃的部分称为凿头，凿头和凿库连接的部分称为凿颈。中式凿采用贴钢工艺，开刃之后在磨制和使用过程中都软硬适中，相较欧式的全钢凿更适用于家具制作。

寸凿：一寸宽，有厚薄两种，厚的用于开凿柱、梁、斗的大眼，薄的用于家具制作、装修和榫眼轮廓的修正扞铲[1]。

平凿：根据宽度不同可分为一分到八分，适用于大木和家具制作中的打眼挖孔。

斜凿：可分为大小两种，大的用于大木的扞平、倒大棱角，小的用于家具制作及装修中的扞铲、倒小棱角。

圆凿：包括大圆凿、一寸圆凿、五分圆凿等，用于开凿不同大小的圆孔和槽。

此外，还有油槽凿、开槽凿、扎凿等特殊类型的木工凿子，用于特定的木工操作。

---

[1] 扞铲：精细的雕刻或切割工作。

7. 角尺

角尺也叫曲尺，是古代木匠画方形或直角的工具，也可用来校验刨平后的板材、枋材是否平整，以及结构、边棱之间是否成直角。

8. 鲁班尺

鲁班尺相传是传承自鲁班的尺具，长约 46.08 厘米，尺具上有众多的刻度标记，后世在尺具上加入了风水堪舆、避凶趋吉的文字（财、病、离、义、官、劫、害、吉），以丈量房宅吉凶，并称其为"门公尺"。传统家具尺寸通常以此为准。

9. 斧

斧是用于砍削的工具，是人类最早发明的工具之一。木工斧有双刃斧和单刃斧，双刃斧多用于做粗加工，单刃斧的刀刃在一侧，宜做细加工。

10. 锛

锛外形和斧头类似，有长木柄（或者说竖着是斧，横着是锛）。锛的刀刃与木柄是垂直的，使用方法类似锄头，可用于圆木料去除树皮、削平，或加工出大概轮廓等粗加工，工效比斧头高，北方用得较多。

11. 钻

钻子是由握、钻杆、拉杆和牵绳等组成的，常用的钻子有牵钻和弓摇钻两种，弓摇钻适用于钻较大的孔。

牵钻，俗称搓钻、拉钻，是一种古老的钻孔工具。其结构是钻杆上部缠绕皮索与拉杆相连，通过推拉拉杆使钻杆反复旋转，从而实现在木料上开孔。使用时，左手握把，右手水平推动拉杆，钻头与木料面垂直并对准孔中心。

12. 木锉

木锉常用来锉削构件的孔眼、棱角、凹槽或修整不规则的表面。按其形状不同，分为平锉、圆锉、扁锉等。木锉在使用时都装有木柄。

三、中国家具的结构工艺

中国传统家具以木制家具为主体，其结构工艺的灵魂就是榫卯，榫卯亦是中国古典建筑的灵魂，也常见于竹、石、金属等材质制作的器物中。榫卯结构凸出部分叫榫（或榫头）。凹进部分叫卯（或榫眼、榫槽）。这种形式在我国有着悠久的历史传承，在唐宋之前被称为"枘凿"，在《庄子·天下》中就有"凿不围枘"的记载。到了宋代，在《伊川语录》[1] 等文献中有了榫卯的词组的出现："枘凿者，榫卯也。"

榫卯第一次出现是在六七千年前的江浙地区。在河姆渡遗址的干栏式木构建筑遗迹中，就有很多带有榫卯的木构件。其榫卯大致可以分为六种：柱头和柱脚的榫卯、平身柱与梁枋交接榫卯、转角柱榫卯、受拉杆件带销钉孔的榫卯、栏杆榫卯、企口板。[2] 这些榫卯结构方式奠定了中国传统建筑和家具的基础，自此榫卯在中国传承数千年历久弥新，一直保持着旺盛的生命力。

先秦时期随着各种金属工具如青铜斧、锛、凿的使用，人们对木材的加工能力和技术都得到了长足的进步。春秋时期，木工的连接工艺已经非常的多样，今天木工主要采用的六种接合方式当时已经出现了四种，分别是榫卯接合、绑扎接合、胶接合、金属缔固物接合，另外两种接合方式是螺钉接合和钉接合。到了战国时期，据说木工祖师爷鲁班发明了如钻、锯子、铲子、曲尺、墨斗等今天木工习以为常的手工工具。

---

[1] 程颢，程颐. 二程全书 [M]. 北京：中华书局，1981.
[2] 相关内容源自吕九芳《中国传统家具榫卯结构》。

先秦时期，榫卯漆木家具已经基本普及，榫卯家具工艺也已经基本成形，榫卯结合工艺逐渐从简到繁、从明到暗。湖北当阳赵巷出土的春秋漆俎、曾侯乙墓中出土的衣箱、河南信阳出土的彩绘木制床等，都是春秋战国时期漆木家具的杰出代表，也是榫卯结构在家具中使用的最好体现。当时的漆木家具不使用一根铁钉，通过榫卯的连接就可保存上千年，除材质因素外，榫卯结构的牢固性可谓功不可没。

当时的榫卯连接工艺已经多达十几种，包括直榫、半直榫、燕尾榫（用于板和板面之间的拼接）、半鸠尾榫、圆榫、端榫、嵌榫、嵌条、蝶榫、半蝶榫等。

两汉魏晋时期，关于斗拱已经有了一系列的标准和规范，榫卯的使用更加的广泛。在新思潮和新习俗的影响下，家具的面貌呈现出多元的格局。

到了隋唐时期，中国建筑的形制和技术日趋完善，建筑的规模日趋宏大，修建了如大明宫、明堂等仅观其遗址就让人赞叹不已的建筑。保存至今的山西佛光寺大殿、山西应县木塔等唐宋建筑更是可以让我们直观地了解当时斗拱和榫卯工艺的精良。

宋代园林等中国建筑得到快速发展，园林中的亭、台、楼、阁、水榭、廊桥等建筑讲究易地而建，需要在多变的地形中巧妙地安排布置，多样的建筑、多变的地形使得榫卯在设计制作时，不能简单以单一形式进行，需要因地制宜、灵活多变地解决各种问题，这也使得这一时期榫卯的样式和种类有了突破式的发展，变得丰富多样。宋式建筑有侧脚、生起等，构件有时不可能完全严丝合缝，此时就需要在安装过程中对榫卯加以校核，此过程称为"安勘"；同时，还需要对榫卯结构进行"绞割"以达到安装合缝、榫卯紧密的效果。榫卯工艺在宋代已经基本发展成熟，在宋代的《木经》《营造法式》等典籍中对于榫卯的结合方式、大小规格等已经有了详细的记载。有了发达的榫卯工艺作为支撑，中国家具顺利地开启了由壶门式家具向框架式家具转变，由低矮家具向高足家具转变的进程。宋代家具通过各种榫卯连接，已经可以做到合缝紧密、结实牢固，在当时的绘画作品中我们可以看到大量腿脚纤细、造型优雅、比例协调的高足家具。这种式样家具的制作在没有榫卯技术和硬木的情况下是根本没有办法实现的。宋代是中国木构榫卯最为辉煌的时期，可惜宋代的家具几乎没有实物遗存。

　　元明清时期基本延续了宋代榫卯的结构，家具的结构和榫卯的结合方式变得更加科学合理。一件家具中的每一个榫卯结构都可以起到明确的固定锁紧作用，当所有榫卯结构组合在一起，一件家具就组装而成。这一时期的榫卯做工可以做到精确无误，在组装时丝滑自如，安装时只需要在榫卯上施加一些鱼鳔，家具就会非常的结实牢固。这一时期开始出现了将家具造型和结构相结合的方式，比较典型的是攒斗[1]、拉杆（霸王杆）以及束腰等。

　　明代出现了大量形态各异、造型丰富的线条，如皮条线、坡线、圆线、花线等。线条造型的多样在丰富家具装饰的同时，使得其和棱角结合的方式变得异常复杂，对榫卯结构的形制和工匠的技艺都提出了更高的要求。江浙一带的工匠将双面、三面棱角形式的榫卯，搭接棱角的榫卯以及各种起线形式交错运用，从而使得榫卯在家具中的使用更加的科学合理，家具的结

---

[1] 攒斗：严格来说是攒接和斗簇两种工艺的合称。攒斗工艺原本是中国古建筑内檐装修制作门窗格子心、各种槅花罩的工艺技术，后来应用于家具制作中，一般制作架格的栏杆、床围子时会使用这种工艺。攒接就是把多个短木材利用榫卯衔接在一起，组合成几何图案。斗簇是将各种形态相同的小木块、小木条使用栽榫连接斗合成透空图案。

构更加的牢固稳定。明代家具榫卯（卯鞘）、拉枨的用料和结构逐渐地定型和完善，家具做工一丝不苟，制作技艺精良，成为中国古典家具的典范，也是世界家具的高峰之作。到了清代，在明代榫卯工艺的基础上，逐渐发展出了刨槽装入镶板的结构，使得榫卯结构的组合形式更加多样化。

　　在中国传统木构建筑中经常会出现七八个榫头同时插入一个卯口这种复杂的情况，在制作时除要考虑插入的方向和先后顺序外，还要考虑材料自身的特性、尺度的大小、榫头的样式、受力的合理性等等。不得不说，如何设计制作榫卯是个难题，全靠"把作师傅"的经验和代代总结后的传承。民间制作家具时，虽不会像修造建筑一样复杂，但对于榫卯制作的精细度与准确性有着更高的要求，所以往往会看重木匠的榫卯做工。

　　榫卯的制作过程大体可以分为配料、画线、制榫和凿眼、组装等步骤。

　　1. 配料：选择木材及其大小尺寸。

　　2. 画线：在选好的木料上用尺子、炭笔、墨斗等工具，画出榫头的剖面图。

　　3. 制榫和凿眼：用锯子锯掉多余木料，锯出榫头，此过程被称为"制榫"；用凿子凿出卯口叫作"凿眼"。因木料有一定的膨胀率，通常卯口尺寸要略大于榫头尺寸。榫头、卯眼制作好后，再用刨子推去木屑，平滑表面。

　　4. 组装：榫头插进卯口里，倘若卯榫咬合不是严丝合缝，则需制作一个"楔子"（一头厚一头尖薄的木片），用斧子敲进榫卯之间，起到牢固的作用。

　　常见的传统榫卯结构有一百余种，包括平榫、斜榫、对榫、全榫、半榫、燕尾榫、雌雄榫等。以下是一些我们常见的榫卯结构：

　　1. 栽榫：栽榫是一种用于可拆卸家具部件之间的榫卯结构。

罗汉床围子与围子之间及侧面围子与床身之间，多用裁榫。

2. 平榫：多用于窗框和窗顶的制作。

3. 斜榫：两根木材成 45 度或其他任意角度的斜面结合。斜榫的种类繁多，包括单面切肩榫、闭口榫、开口榫等，这种结构常用于橱柜、衣柜等需要 45 度拼接的产品。斜榫不仅美观，还能增强连接的稳固性，制作斜榫需要准确的测量和高超的手工技艺，才能确保榫头和卯眼的完美契合。

4. 全榫、半榫：全榫是榫头全部穿过卯口，并将多余部分锯去；半榫则是卯口不凿穿，榫头不外露，榫舌仅占全榫的 2/3。

5. 燕尾榫：又叫作大头榫、银锭榫，常用于两个木头的连接部位。其形状类似于燕子的尾巴，两端宽、中间根部窄，是一种被广泛使用而且效果甚佳的榫卯结构。

6. 综角榫：又称粽角榫或三角齐尖榫，一般由三根方材结合而成，结构稳固且美观。这种榫卯结构多用于四面平家具中，如桌子、柜子、书架等，通常涉及边、面、腿、杖或者牙板等多种构件。综角榫能够有效增强家具的耐用性和稳固性。

7. 抱肩榫：一种复杂的榫卯结构，多用于制作束腰家具的腿足与束腰、牙条的结合。抱肩榫通过 45 度斜肩和三角形榫眼的设计，使牙条与腿足紧密结合在同一层面，以此增强家具的稳固性。

第二节　中国家具的装饰纹样及文化内涵

历经数千年，中国家具积累了丰富的器形和装饰纹样，将时代的风貌展现给世人。远古时期，先民们将自然界的动植物元素化、线条化、图案化，形成了众多带有美好寓意的原始图案；

夏商周时期，家具表面的纹饰凶猛狰狞，以求威慑世人、震慑鬼神；春秋战国时期，纹饰变得繁缛清新，充满生气；秦汉时期，装饰纹样古朴大方，"质、动、紧、味"[1] 的气息扑面而来；隋唐时代，华丽雍容，东西兼容；宋元时期，花团锦簇，隽秀大方；最后到了明清时期，家具纹饰在继承、延续历代吉祥纹样的同时，呈现出世俗化的特点，纹饰纹样丰富的程度更是让人眼花缭乱。

　　中国历代产生出的众多家具纹样取自自然万物，是人与自然和谐统一思想的结晶，是儒家礼制思想、尊卑秩序、道德观念的体现，更融入了众多的民间故事、神话传说等元素，反映出了历代百姓的辛劳生活与审美追求。

　　中国家具的装饰纹样具有独特的民族艺术风格，它们是中华文明丰富多彩、深厚文化底蕴的最好体现。传统装饰纹样以多样的形式和丰富的内涵，展现出的是中华文明的博大精深和中华民族独特的审美观念和艺术创造力。

一、原始社会时期的装饰图案

　　随着编织技术的成熟，大量以编织方式产生出的人字形、十字形、辫子形、菱格形、方格形等装饰纹样，广泛地出现在中华大地当时的各种陶器上。同时，陶器上还出现了先祖们通过对自然的感知而描绘出的漩涡纹、人面纹、鱼纹、舞蹈纹等纹样。这些纹样质朴简练、生动大方，构成了中国装饰纹样的源头，深刻地影响着后世纹样的发展。

二、殷商、西周家具的装饰图案

　　商代到西周时期是青铜的时代，家具以青铜礼器为主。这一时期的家具在装饰上充分体现了奴隶社会的纹饰特点，狰狞

---

[1] 相关内容源自田自秉《中国工艺美术史》。

恐怖、浪漫劲健，给人以威严诡谲之感。家具的装饰纹样与当时的青铜器装饰基本保持一致，主要有饕餮纹、夔纹、龙纹、虎纹、鹿纹、牛头纹、凤纹、蝉纹等拥有具体形象的动物纹样，以及云雷纹、方格纹、联珠纹、乳钉纹、垂鳞纹、重环纹、环带纹等几何纹饰。

饕餮纹

饕餮为中国古代神话传说中的一种凶恶、贪吃的恶兽，为四大凶兽之一。据《山海经》记载："其状如羊身人面，其目在腋下，虎齿人爪，其音如婴儿。"《吕氏春秋·先识览》："周鼎著饕餮，有首无身，食人未咽，害及其身，以言报更也。"杜预注《左传》："贪财为饕，贪食为餮。"饕餮纹是殷商时期最主要的纹饰之一，一般布置在器物的主要位置，以动物头部正面形态出现，以鼻梁为中轴，左右对称布局，突出两个大眼、双角。它以动物形象为蓝本变形而来，因此又叫"兽面纹"。北宋的金石学家以"饕餮"命名这种纹饰，该命名一直沿用至今。饕餮纹所表现的装饰效果庄重肃穆，有一种凛然不可侵犯的艺术气氛。田自秉先生认为："商代的青铜器主要是作为祭祀用的，这种装饰就和祭祀有关……应是牛、羊、猪等作为祭祀牺牲的形象的表现……是加以象征化、抽象化，或予以综合处理。"[1]

夔纹

夔是中国古代神话中一种外形类似龙蛇，只有一条腿的怪物。《山海经·大荒东经》载："东海中有流波山，入海七千里。其上有兽，状如牛，苍身而无角，一足，出入水则必风雨，其光如日月，其声如雷，其名曰夔。黄帝得之，以其皮为鼓，橛以雷兽之骨，声闻五百里。"夔纹也是殷商时期最主要的纹饰之

---

[1] 相关内容源自田自秉《中国工艺美术史》。

一，青铜器上的夔为一角、一足、大口、尾上卷，通常夔纹只作侧面。夔纹在殷商和西周前期出现得最为频繁，形制也丰富多变。两个夔纹相对可以组合成饕餮纹，单独的夔纹也可作为饕餮纹的附属或独立装饰出现。殷商时期夔纹身短；后期夔纹演变出了更丰富的样式，如两头夔纹、蕉叶夔纹、三角夔纹等。

回纹（云雷纹）

回纹又被称为云雷纹，在青铜器上多以地纹的形式出现，用以衬托主体纹饰。我们通常会在青铜器上看到饕餮纹为主纹，云雷纹为地纹的情况。它有可能来自原始社会的漩涡纹，基本形态是"回"字形。古代学者将圆形的称云纹，方形的称雷纹，云雷纹为统称。云雷纹在中国传统纹饰当中不仅是地位和神灵的象征，也寓意着绵延不绝和生生不息，是最为常见、人们最为喜欢的纹饰之一。

窃曲纹

《吕氏春秋》："周鼎有窃曲，状甚长，上下皆曲，以见极之败也。"窃曲纹由鸟纹、龙纹简化抽象而来，是周代一种非常重要的装饰纹样。窃曲纹方中有曲，多为 S 形，纹饰的完整度较高，适应性强，变化多样，可用于器物各种不同的部位。以窃曲纹构成的装饰，一般不需要其他的地纹装饰。

重环纹

单一的重环纹，形状近似椭圆形的年轮，一侧为两直角或锐角，环有一重、两重、三重。一般以横向二方连续排列。

垂鳞纹

垂鳞纹近似鱼鳞，主线以粗线勾出，内部用细线绘制云雷纹，大体结构呈 U 形，一般错位重叠排列，多施于壶盖和底部，常作边饰应用。

三、春秋、战国家具的装饰图案

春秋战国时期，青铜器物的制作已经非常先进，很多当时的金属制作工艺，今天依旧还在沿用。青铜装饰由之前的刻纹逐渐地演变为更为先进的印纹，印纹模具的使用不仅大大提高了制作效率，也使得纹饰更加精美，更便于取得统一的艺术效果。先进的工艺使得纹样可以有更多的变化，不再是之前简单的二方连续 [1] 图案，这时开始出现更为复杂的四方连续 [2] 图案。这种格式的装饰方法，使得纹样统一而不单调，繁复而不凌乱，是新的装饰特色。

春秋、战国时期的装饰逐渐摆脱了殷商、西周时期威严狰狞、以动物纹样为主体的装饰风格。严格的器物制作等级规制被逐渐地打破，青铜器的造型更加自由。很多写实的兽首、兽足造型出现在家具的构件之中，成为家具的有机组成部分。这些构件生动活泼、栩栩如生，在注重实用功能的同时，使家具拥有了更多的艺术性。这一装饰风格特点对后世家具的影响非常深远，在历代的家具中都有体现。

春秋战国时期的纹饰、纹样题材丰富：有传说中浪漫神奇的龙、凤、蟠螭、蟠虺等各种神兽，也有现实生活中存在的虎、猴、鹤、牛、鹿、鱼、蝙蝠等；云气、山水、花草植物、几何图案也非常的常见；还有车马、舞蹈、狩猎等社会生活题材。丰富的纹饰内容清新灵动，活泼生动，富有时代感。这些纹饰不仅出现在家具上，还广泛地出现在这一时期的其他各种器物之中。

---

[1] 二方连续：以一个单位纹样为基础，向上下或左右两个方向连续重复，形成循环的纹样。二方连续的方式有三种：垂直式、散点式、波纹式。

[2] 四方连续：以一个单位纹样为基础，向上下左右四个方向连续重复，形成四方循环排列的纹样。

它们的出现和其所具备的文化象征意义对后世家具的纹样有着巨大的影响。如我们最为熟悉的龙凤纹样，寓意宫廷昌隆和婚姻美满，被我们称为"龙凤呈祥"；如蝙蝠谐音"遍福"，象征着幸福遍地。中国国家博物馆收藏的商代玉蝙蝠是我国目前发现最早的关于蝙蝠形象的文物。

春秋战国时期是漆器快速发展的时期，漆器的纹饰色彩艳丽，中国传统漆器黑红两色的配色就是这一时期确定的，一般以黑为地，以红色髹漆或漆绘图案。图案线条纤细挺秀、生动形象，充满奇幻浪漫的气息。这一时期在木雕工艺方面也有了长足的进步，浮雕和透雕的器物都有大量的遗存，且工艺精湛，为后世家具的雕饰工艺奠定了基础。

春秋战国时期还有一个重要的特点，即装饰的中心部位在逐渐地上移，视觉中心的上移，有可能与生活方式（坐卧）逐渐升高有关。

春秋战国时期最有代表性的装饰纹样是蟠螭纹。

蟠螭纹、蟠虺纹

蟠（pán）的意思是屈曲环绕，缠绕叠压。螭[1]（chī）是古代传说中没有角的小龙。虺（huǐ）是头向上昂，尾巴翘起来的小蛇，也是龙的简化。这类纹饰以螭或虺为基本单元，蟠屈纠缠，穿插缭绕，可做二方连续纹样，也可做四方连续纹样，后世历代都有蟠螭纹的变形纹样。

四、秦汉家具装饰图案

秦代的家具遗存不多。汉代是漆木家具最为盛行的时期，得益于黄老学说的盛行，道教神话体系的逐渐完善，汉代的各

---

[1] 中国古代建筑正脊两端的装饰构件叫作螭吻，又称鸱吻、龙吻。

类工艺装饰也出现了丰富的神话题材。动物类的纹饰有变形蟠螭纹、四神兽纹、金乌纹、金蟾纹等；人物类纹饰出现了大量神话人物题材，如东王公纹、西王母纹、河伯纹等；还有与神话题材相得益彰的云气纹、火焰纹。这些纹饰纹样组合在一起呈现出俊秀飘逸、古朴神秘的感觉，反映了汉时人们追求长生、得道升仙的思想。

动物纹饰相较春秋战国时期更加的丰富，有孔雀纹、虎纹、鹿纹、羊纹、猪纹、獐纹、鼠纹、鱼纹、龟纹、蛙纹等；花卉纹饰有柿蒂纹、茱萸纹等；几何纹以双菱纹最为流行。同时汉代纹饰还有一个重要的特点，即是将各类现实世界的画面作为装饰题材，如狩猎、宴请、舞蹈、农耕等，这些画面大量地以画像砖、画像石的形式出现在了汉墓之中，成为后世人物纹饰的来源。中国传统纹饰非常讲究寓意，这一时期的茱萸纹寓意"福寿安康"，三足金乌纹寓意"光明希望"，穗云纹寓意"步步高升"等等，它们都反映了汉代社会对美好祝愿的需求。

云气纹

作为中国特有的传统纹样，云气纹传承自云雷纹，到了汉代，云气纹已经非常的具象化。汉代的云气纹形态饱满丰富、变化多样、动感飘逸，翻腾的卷云、流动的线云造型已经非常接近自然界的云朵，以"大美、深邃、雄广"著称。云气纹多与神话传说中的仙人、龙、鸟、鬼神、怪兽等一起出现，如仙人驾云升天、龙行云布雨等。汉代早期的云气纹雄健宽大、姿态随性，充满神秘感，中后期的云气纹线条纤细、变化多端，如瀑布般随意倾泻的云流纹蜿蜒流畅、连贯绵延、遍布器物，给人无限的遐想。以非凡的想象力创造出的云气纹，既有形象特征，又富有韵律，在后世成为重要的吉祥象征。

五、魏晋南北朝时期的家具装饰图案

魏晋南北朝时期，战乱频繁，装饰工艺技术的发展有所衰退。但民族融合的加剧、外来佛教的盛行使得装饰纹样有了新的面貌，有很多新的装饰纹样出现。陆翙（huì）所著的《邺中记》中有记载，"石虎御坐几，悉漆雕画，皆为五色花也"，说明在这一时期色彩工艺有了发展，已经不再以黑红二色为主，装饰颜色开始变得更为丰富。纹饰图案丰富程度远超前代，在南北朝时期，大量的文献中都有关于纹饰的记载，以织物最为丰富。例如，陆翙《邺中记》中的"锦有大登高、小登高、大明光、小明光、大博山、小博山、大茱萸、小茱萸、大交龙、小交龙、蒲桃文锦、斑文锦、凤凰朱雀锦、韬文锦、桃核文锦"；王子年《拾遗记》中的"云昆锦、列堞锦、杂珠锦、篆文锦、列明锦"；《太平御览》中的"如意虎头连璧锦"；《三国志·魏志·乌丸鲜卑东夷传》中的"绛地交龙锦""绀地句文锦"；等等。因为遗存的实物较少，我们很难判断这些纹饰在当时是否已经直接运用到了家具装饰之中，但在后世的家具上却经常能见到。

魏晋南北朝时期，纹饰最重要的特点是由动物主题纹饰逐渐向植物花卉主题纹饰演变，图案造型较为写实紧凑，灵动优美。比较典型的图案有莲花纹、忍冬纹、云纹、火焰纹等。

莲花纹、忍冬纹

莲花纹和忍冬纹与佛教的关系紧密，普遍认为是随佛教的传入而大规模地流行。不过在魏晋南北朝之前，我国将莲花作为装饰纹样早已有之，如春秋时期非常有名的青铜器莲鹤方壶。六朝时期的莲花纹有俯视、侧视两种形态，花瓣的造型也可分为圆瓣、尖瓣。纹饰一般由花头纹饰和折枝纹、忍冬纹两部分组成，折枝纹、忍冬纹一般以曲线缠绕的方式出现，姿态优美、充满韵律。

忍冬纹叶片纤细，每叶三、四裂。关于忍冬纹的来源，说法不一，有棕榈叶、椰枣叶、葡萄叶、掌状莲花、莨苕叶等说，还有的认为是由埃及莲花纹、希腊棕榈纹、莨苕忍冬纹演变来的。一般认为在 4—5 世纪经西域传入内地，因这种纹样颇似忍冬藤（金银花）而得名。忍冬纹样流传甚广，亚欧各文明中都能看到它的身影。莲花纹和忍冬纹组合的纹饰是南北朝时期最具特色、影响最为深远的式样，延续了一千多年，大量出现在后世的各种器物之上。

火焰纹

魏晋南北朝时期的火焰纹和云气纹一样都延续了汉代的风格，这一时期对火焰形态的描绘更加翔实。敦煌石窟中的火焰纹最早出现在北凉时期，作为佛像的"背光"图案，体现佛的灵光和法力。火焰纹的形态变化丰富，有的自由奔放，显示火焰的摇曳，有的为二方连续，层层压叠、向上伸展，表现整组的熊熊火焰，给人以强烈的秩序感。

六、隋唐家具装饰图案

隋唐时期是相对稳定的繁荣盛世，中国传统家具在这一时期的装饰上追求明艳华丽，整体保持了端庄大气的格调。隋唐家具的造型浑厚，尺度较大，用材多样。随着高座家具的出现，家具装饰有了新的发展空间，除传统的漆绘、鬃漆装饰外，还出现了装饰造型与家具结构结合，各种传统手工艺与家具结合的新面貌。这些手工艺包括雕刻、彩绘、镂空、金银平脱、螺钿珠宝镶嵌、染缬、刺绣、织物等。唐代家具装饰细节丰富考究，图案饱满严整，富有动感，追求对称和圆满的美感，色彩绚烂华丽。总体来说，隋唐家具在装饰上呈现出了前所未有、缤纷多彩的面貌，反映了唐帝国欣欣向荣的盛世景象。

隋唐装饰图案代表了中国封建社会装饰艺术的一个高峰，多文明、多文化、多宗教的融合使得装饰图案的设计在题材上表现出前所未有的开放性和丰富性。大量中亚、东罗马、印度等地具有浓厚的异域色彩的图案形式随文化交流传入，被创造性地运用于各种装饰环境之中，大大丰富了中国的传统图案纹饰。而唐朝手工业发达，其和各文明之间的手工技艺交流，使得装饰工艺技术也飞速发展，图案的设计和制作可以更加的精细华丽。

隋唐的装饰图案在题材上以花卉植物为主，动物常常穿插于花卉植物中，以理想化的组合创造出美好的意境。比较典型的装饰图案有卷草纹、宝相花纹、团窠纹等，还有花卉与动物组合而成的花卉动物纹，这种纹饰多以团花形式出现，其中的动物纹多以对称形式出现，植物纹作为辅纹环绕周边，比较典型的纹样有海兽葡萄纹、双鸾衔绶纹等。

卷草纹

卷草纹是隋唐时期最为典型的植物纹样，也被称为"唐草纹"。卷草纹图案汉代已有，南北朝时期融合外来元素已经较普遍地使用。隋唐卷草纹以曲卷多变的曲线为骨架，多取牡丹的枝叶；一株花草绵延伸展，花朵层次丰富、繁复华丽；叶片曲卷、变化自如；叶脉翻腾旋转、富有动感。纹饰整体结构舒展而流畅，充满生机，能充分体现唐代工艺美术富丽华美的风格。唐代以后，卷草纹持续发展，传承不断。主花纹饰来源除了最初的莲花、牡丹，又有石榴、菊花、兰花等加入，卷草纹运用广泛，多见于建筑、染织品、家具、陶瓷等。

宝相花纹

宝相花又称宝仙花、宝莲花，是传统吉祥纹样之一，也是吉祥三宝[1]之一，盛行于隋唐时期。纹饰构成一般以牡丹、莲花为主体，花瓣中间镶嵌组合多种花卉形象，如牡丹、石榴、茶花等。层层叠压穿插，造型规整端庄，有"圆满""吉祥"的寓意。在家具、金银器、敦煌图案、石刻、织物、刺绣等上都常见有宝相花纹样。

团窠[2]（kē）纹

"团窠"就是团花。一般以宝相花纹等各种花卉纹饰组成圆形或近似圆形的外层花环纹样，以此为单位在圆形区域中设置相关主题纹样，可以是动物题材，也可以是花卉题材。所形成的复合装饰纹样整体饱满、繁丽富贵，极具传统意蕴。例如典型的纹样"陵阳公样"[3]，此纹样以联珠、动物、植物等元素为一体，常见于唐代的纺织品及生活用品中。

双鸾衔绶纹

该纹样以双鸾口衔挽结长绶相对飞翔为主纹，多配以鲜花、祥云等纹饰。双鸾寓意成双成对、圆满完美，长绶音同"长寿"，长绶挽结，表示永结同心。

七、宋元明清时期的家具装饰

宗白华先生在其著作《美学散步》中归纳了两种艺术风格，一个是芙蓉出水的美，一个是错彩镂金的美，唐宋两个时代很好地诠释了这两种艺术风格。宋代审美风尚的转变，加之高足家具的普及，使装饰方式发生了变化。就目前可知的宋代家具

---

[1] 吉祥三宝：宝相花、摇钱树、聚宝盆。"宝相花"一称最早始于北宋，宝相花的名和形最早见于北宋建筑巨作《营造法式》。

[2] 窠：昆虫、鸟兽的巢穴。

[3] 陵阳公样：益州（今四川省成都地区）大行台检校修造窦师纶组织设计的锦、绫纹样。窦师纶被封为"陵阳公"，故这些纹样被称为"陵阳公样"。

的相关资料来看，宋代的漆木装饰基本以素雅装饰为主，家具表面主要施以清漆或黑漆，主要体现家具材质的天然美或家具的结构美。宋代，家具装饰出现了新的面貌，原有的家具漆木纹饰有一部分开始变为雕饰，这些雕刻纹饰有的与家具的部件相结合，有的则直接成为家具的结构部件。雕刻而成的纹饰部件更加立体，装饰效果更强，家具装饰的纹样自此不再局限在平面，变得更加立体丰满。这一变化为明清家具打开了新的局面，成为后世传统家具的主流。自宋代到明清的纹样，基本延续了此前历代产生和演变出的主题式样，并对这些纹饰有了一定的归纳总结，使原有的纹饰有了更多的变化。这段时期发达完备的手工业，让家具的装饰无论是雕工还是髹漆，在工艺精美程度上都远超前代。时断时续的对外贸易还使得中国传统装饰纹样吸取了不少西方装饰纹样的元素，发展出了一些新的装饰纹样。这段时间的装饰纹样非常重视象征意义，给家具增加了更多的文化内涵，也更加世俗化，有一定的教化普世的作用。

家具装饰的特点：宋代古朴素雅；明代则以质朴、精致、厚实见长，大面积装饰以素面为主，配以小面积局部的浮雕或透雕；清式家具则注重"工巧之美"，满眼绚烂华丽的纹饰。

宋代在装饰纹样上的发展最具代表性的是"生色花"，也被称为"写生花"。北宋李诫的《营造法式》中记载雕插写生花有五品："一曰牡丹华，二曰芍药华，三曰黄葵华，四曰芙蓉华，五曰莲荷华……""生色花"的出现得益于宋代绘画技巧的发展。人们对植物的描绘更加翔实精细，在对植物形态特征进行高度概括和提炼后，创造出了较为真实的模仿现实花卉的纹样。这种写生纹样朴实无华、清新自然、生动活泼，具有极强的装饰功能。它可以与人物、动物纹自由组合，多见于陶瓷、壁画和染织品等中。它的出现为明清的家具装饰纹样提供了大量的纹饰来源。

明清时期装饰纹样的种类、样式非常庞杂，几乎涵盖了之前历代出现的纹饰，我们在这里尝试做一些简单的分类以及吉祥寓意的介绍。明清纹饰大致可以分为几类：动物纹饰、植物花卉纹饰、人物山水纹饰、几何纹饰等。

动物纹饰

动物纹饰一直是中华纹饰中非常重要的一类。到了明清时期,动物纹饰表现的动物种类丰富多样,有传说中的龙、凤、麒麟、狮子等，也有现实生活中的蝙蝠、鸳鸯、鹤、鹿、蟾蜍之类，这些动物纹饰基本都有美好、吉祥的寓意。

1. 龙纹

龙被视作中华民族的象征和图腾，自古为中华民族所崇拜。龙的形象在原始社会就已经出现，经过多次演化，龙的形象越来越丰满，最终形成了"角似鹿、头似驼、眼似兔、项似蛇、腹似蜃、鳞似鱼、爪似鹰、掌似虎、耳似牛"，口旁有须髯的形象。传说龙为鳞虫之长，能兴云雨、利万物，能使民间风调雨顺、丰衣足食。龙的这些特点使其成为力量与权威、尊贵与尊重、智慧与长寿、吉祥与繁荣的象征，成为中华民族最为重要的纹饰，是世界范围内华人对中华文化认同度最高的标志。

龙的寓意使得古代皇帝都以真龙天子自居，认为自己是龙的化身。因此，龙纹装饰的各类器物也就成为皇帝的专属用具。为了和帝王使用的龙纹做出区分，龙纹也就有了更加细化的分类，纹饰的样式也因此变得更加丰富。根据龙纹的姿态可以分为正龙纹、升龙纹、降龙纹、行龙纹、戏水龙纹等；根据种类可以分为夔龙纹、螭龙纹、蟠龙纹等；还有植物纹和动物纹组合而成的卷草缠枝龙纹。

正龙纹：龙头呈现正面形象，龙身盘绕四周。

升龙纹：龙头呈现侧面形象，倾斜向上，龙身及尾在下。

降龙纹：龙头呈现侧面形象，倾斜在下，龙身及尾在上。

行龙纹：又被称为赶珠龙纹，龙头前方饰以火珠，龙身尾随其后，四爪作行走状。

戏水龙纹：以海水纹为底，龙身盘旋其上。

穿云龙纹：以云纹为底，龙身穿插盘旋其间。

苍龙教子纹：大龙在上，小龙在下，寓意教子升天。

夔龙纹：从殷商时期开始就是主要的纹饰，象征着王权和神权，体现着正义、智勇与阳刚，是开疆辟土、开创事业所必需的吉祥纹饰代表，同时它还有祈求风调雨顺、辟邪驱魔的寓意。

螭龙纹：战国时期出现，是神话传说中的水神。螭龙纹寓意主要包括美好、吉祥、招财，同时也寓意男女的感情长久。

蟠龙纹：同样出现在殷商，象征力量与神秘。

卷草缠枝龙纹：头部多为龙的形象，身体和尾、爪以卷草纹代替，以"S"形曲线排列，也被称为草龙。这种纹饰保留了龙的威严和力量，又融入了卷草的柔和与生机。这种纹饰集合了龙纹的"富贵威严"以及卷草缠枝纹的"连绵不断"之意，寓意吉祥、幸福、美好、富贵不到头、子孙延绵不断。草龙纹在南宋时期出现，在明清时期发展到了鼎盛阶段，多装饰于建筑、家具、瓷器等中。

拐子龙纹：龙头高度简化，龙身为回纹与卷草纹的结合体，是草龙纹的变形纹饰。拐子龙纹更趋向于几何纹，硬朗挺拔的回纹与弯曲翻转的卷草纹巧妙地结合在一起，线条横竖分明、刚柔并济，主要应用于建筑、家具等中。

在明清两代的宫廷家具中，以龙纹作装饰最具代表性。明代的龙纹大多雄劲有力，细脖，头略小，龙发多从两角间前耸，呈怒发冲冠状，张口，龙眉向上，龙爪的五指呈轮状；明代末期，龙身的姿态没有大的变化，但龙发已经变为三绺；进入清代以后，龙发已经不上耸，而是披头散发，龙身也渐变粗；到清乾隆时期，龙眉朝下，龙尾加长，龙爪出现四指并拢的形状；再晚的龙纹，姿态呆板，龙鼻也大起来，俗称"肿鼻子龙"。

除龙纹之外，狮子纹、麒麟纹、蝙蝠纹以及凤凰纹等在家具中都十分普遍。

2. 狮子纹

在唐宋时就甚为流行，一直延续到明清时期。狮子象征着权力与威严，还有辟邪、祈福、纳吉的寓意，是王公贵族、统治阶层非常喜欢的纹饰，此外佛教对狮子也非常推崇。狮子纹多被用在椅背、扶手、牙板和腿足等位置，体现威猛气势。狮子纹饰可分雌雄，一般是雄狮滚绣球，雌狮抚子。

3. 凤凰纹

在古代神话传说中，凤为雄，凰为雌，凤凰为群鸟之长，是吉祥之鸟，被尊为百鸟之王。《韩诗外传》[1] 中记载："凤之象，鸿前麟后，燕颔鸡喙，蛇颈鱼尾，鹳颡鸳腮，龙文龟背。羽备五采，高四五尺。翱翔四海，天下有道则见。"凤凰纹饰的寓意很多，一般代表女性。在古代皇宫，以凤纹作装饰的器物大多为后妃专用；也有"鸾凤和鸣"纹，寓意夫妻和谐，相亲相爱；"凤鸣朝阳"纹比喻高才逢时，得到施展才华的机会；凤凰纹饰也经常和龙纹一同出现，"龙凤呈祥"纹寓意吉利喜庆、富贵吉祥。

4. 蝙蝠纹

蝠谐音"福"，蝙蝠谐音"遍福"。蝙蝠纹在我国出现的时间很早，可以追溯到新石器时期。传统纹饰中，蝙蝠的形象被当作幸福的象征。蝙蝠形象组成的吉祥纹饰，最常见的是五个

---

[1] 汉代韩婴所作的一部传记。

蝙蝠纹环绕圆形寿字，寓意五福捧寿，五福：一曰"寿"，二曰"富"，三曰"康宁"，四曰"修好德"，五曰"考终命"[1]。此外，如一只蝙蝠飞在眼前，则称为"福在眼前"；蝙蝠和马组合在一起寓意"马上得福"；等等。

5. 麒麟纹

《礼记》将麟、凤、龟、龙称为"四灵"，麒麟为"四灵之首，百兽之先"。麒麟作为中国古代典型的瑞兽，是仁慈之兽，惩奸除恶，保护好人，天生就是福运的象征。麒麟的寓意很多，有镇宅化煞、旺财旺文、辟邪挡灾、运转旺丁等。民间常有"麒麟送子"的说法，寓意为早生贵子。在古代社会有多子多福的理念，麒麟也理所应当地经常出现在家具之中。

6. 蟾蜍纹

战国、秦汉直到魏晋，蟾蜍一直被人们视为神物，也是中国传统的吉祥寓意纹样。古代人们认为蟾蜍是辟五兵、镇凶邪、助长生、主富贵的吉祥之物，在很多器物中都会出现它的身影。

植物花卉纹饰

俗话说："有图必有意，有意必吉祥。"家具中的植物花卉纹饰同样种类繁多、寓意丰富，是中国传统纹饰重要的组成部分。

缠枝纹：明清时期最为多见的植物纹样，大量出现在各类器物中，俗称"缠枝花"，又名"万寿藤"。起源于汉代，受到历代人们的喜爱。因纹饰结构连绵不断，委婉多姿，优美生动，故被赋予了"生生不息"的寓意。缠枝纹是以藤蔓卷草经提炼变化而成，纹饰的来源本来就很丰富，可与各种纹饰搭配成复合纹样，有缠枝莲纹、缠枝牡丹纹、缠枝草蔓纹、缠枝葡萄纹、缠枝石榴纹、缠枝人物鸟兽纹等。

---

[1] 相关内容源自《尚书·洪范》。

莲花纹：宋代周敦颐在《爱莲说》中提道，"莲，花之君子者也"，"出淤泥而不染，濯清涟而不妖"。自古人们都用莲花代表高洁，在佛教和道教中，莲花纹都有超凡的地位，多象征清廉、圣洁，代表"净土"，寓意"吉祥"。

牡丹纹：宋代周敦颐《爱莲说》载："牡丹，花之富贵者也。"我国对牡丹花的培育有 2000 多年的历史，牡丹花也一直是人们最为珍视的花卉之一，素有"国色天香""花中之王""富贵花"等美称。牡丹纹饰一般寓意富贵吉祥，纹饰分为折枝牡丹和缠枝牡丹两类。折枝牡丹比较写实，一般被雕绘于柜门或背板上；缠枝牡丹变化多样，常作为家具边框装饰。

石榴纹：因石榴子多，且抱团紧密，所以石榴纹有子孙满堂、多子多福的寓意，象征千房同膜、千子如一，代表着团结、红火、人丁兴旺、家族旺盛。

葡萄纹：葡萄成熟时果实会成串挂满枝条，一串葡萄数量众多，又有葡萄籽，所以它同石榴纹一样代表着多子多福；和缠枝纹配合在一起也就有了连绵不断、子孙延续持久的寓意。另外，葡萄成熟时硕果累累，一片丰收气象，故其也寓意家族和生意的兴旺发达。

月季纹：月季花四季常开、香气馥郁、绚丽多彩，故又名"月月红"，象征"四季长春"。月季被人们认为是祥瑞美好、幸福长存和真诚友谊的象征。月季纹饰在传统纹样中的组合方式很多，例如：月季以折枝图案插在花瓶中，寓意"四季平安"；月季、天竹、南瓜组成的图案，寓意"天地长春"；月季和牡丹组合在一起，寓意"富贵长春"；等等。

桃纹：我国民间谚语中有"榴开百子福，桃献千年寿"的说法，桃树被称为长寿之树。桃子也是长寿的象征，经常和寿星一起出现。桃子纹、桃花纹也经常和其他纹饰一起组成复合纹饰,如桃子、蝙蝠以及两枚铜钱组合在一起,寓意"福寿双全",桃子、桃花以及桂花组合在一起,寓意"贵寿无极"等。

灵芝纹:灵芝被称为"仙草",灵芝纹自然有了"仙家之气",颇受人们的喜爱。灵芝纹形态曲线优美,富有大自然的旋律美,寓意富贵长寿,吉祥如意。明清家具中灵芝纹种类非常繁多,有单独成形的灵芝纹,也有与其他植物、动物相组合的灵芝纹。

以灵芝纹为原型还演变出了"如意纹",如意的头部为灵芝图案,如意的柄身造型多样,变化丰富,可为植物,也可为动物。如意纹寓意丰富,是吉祥、顺心、健康、长寿的代表。

"岁寒三友"纹:松、竹、梅合称"岁寒三友"。因这三种植物在寒冬季节仍可保持顽强的生命力而得名,是中国传统文化中高尚人格的象征,也可比喻忠贞的友谊。

松:《淮南子》中记载:"千年之松,下有茯苓,上有菟丝。"松常被视为长寿不老的象征。

竹:四季常绿,不刚不柔,生命力顽强,古人用来寓意子孙众多。

梅:指梅树、梅花,梅树能老干发新枝,梅花能傲雪开花,它们是不老不衰的象征,也是坚毅品德的象征。梅花颜色众多,且有五个花瓣,人们也经常借此代表"五福"(福、禄、寿、喜、财)。

人物山水纹饰

随着装饰技艺的发展,人物纹、山水纹的制作已经没有了太多的技术障碍,明清时期的这类纹饰除有精湛的雕刻技艺、非常精美的画面外,基本都有丰富的文化寓意。

人物纹饰是以人物故事、寓意为主题的纹饰,纹饰的来源多是宗教故事、传说故事、生活场景。人物纹饰往往内容丰富精彩,栩栩如生,除了具有较高的观赏价值,还有很强的教化作用。

1. 八仙纹

明清时期宗教类人物纹饰中最为典型、有趣的是八仙纹。八仙纹源自道教八仙过海的神话故事，是古代常见的祝寿题材，民间祝寿多用八仙，称"八仙祝寿"，寓意健康长寿、驱邪保平安。八仙来自不同的社会阶层，八仙纹也寓意不分贫富贵贱，团结齐心。

八仙纹有明八仙纹和暗八仙纹之分。明八仙纹：八位仙人都有完整的人物形象，因八位仙人各有一套本领，所以也有"八仙过海，各显神通"[1]的说法。暗八仙纹：人物形象以八仙的八件法器代替，分别是葫芦、宝剑、扇子、渔鼓、笛子、玉板、花篮、荷花。八件法器作为纹饰，使得纹饰构思更加多变，组合方式也更为灵活。

2. 婴戏纹

婴戏纹多为明清时期常见的人物纹饰，以儿童玩耍嬉戏为题材，常描绘儿童钓鱼、玩鸟、赶鸭、蹴球、抽陀螺、攀树折花等活动，以婴儿活泼、调皮、可爱的形象，表现人们对于健康快乐生活的追求。婴戏纹一般人物众多，又以表现婴儿为题材，也反映了人们期盼多子多福、望子成龙的美好愿望。

3. 和合二仙纹

该纹饰取自天台山高僧寒山、拾得的故事。和合二仙纹原为两个笑容可掬、不修边幅的和尚，一人手持荷叶莲花，谐音"和"，一人手捧宝盒，谐音"合"。和合二仙纹象征着家庭团结和睦，新人婚姻美满、百年好合。在很多家具装饰中，人们也

---

[1]"八仙过海，各显神通"讲的是汉钟离、张果老、韩湘子、铁拐李、吕洞宾、何仙姑、蓝采和、曹国舅八位神仙，在蓬莱阁上饮酒时，铁拐李提议去蓬莱、方丈、瀛洲三座神山游玩，并决定不搭船而各自想办法过海，于是他们在海边各施法术，利用自己特有的法宝去往三座神山。

常用宝盒和荷叶、荷花来代表和合二仙。

4. 山水风景纹

该纹饰通常装饰在屏风、柜门、柜身两侧以及箱面、桌案面等面积较大的看面上。纹饰内容一般来自中国历代名人山水画稿，呈现方式一般是施彩漆、软螺钿镶嵌或硬木雕刻。纹饰画面中的亭台楼榭、树石花卉栩栩如生，层次远近分明，具有典雅清新的意趣，是中国文人寄情山水、天人合一思想的一种表现形式。

几何纹饰

自新石器时代开始，几何纹饰从未离开人们的视线，明清时期几何纹主要有回纹、方胜纹、卐[1]纹、云纹等。

回纹：纹饰以"回"字形出现，是最为传统的纹样，也是最为常见的纹饰，明清时期在各种器物上都能看到回纹，主要用作边饰或底纹。回纹反复出现有一种连绵不断的效果，因此回纹也有"绵延不断，富贵不断"的寓意，象征吉利深长。

云纹：源自云朵，因舒卷飘逸而备受人们的喜爱。明清家具的云纹样式多种多样，有卷云纹、如意云纹、朵云纹、灵芝云纹等。

卐纹：源自佛教的"卐""卍"，是佛教中"万德吉祥"的标志。

方胜纹：两个菱形压角相叠组成的图案或纹样。方胜传说是西王母所戴的发饰。方胜纹有同心相连、连绵不断之意，寓意着婚姻美满。

第三节　诗坛佳话中的家具

诗歌来源于生活，好的诗词往往托物言志、睹物思人、借

---

[1] 卐：唐武则天大周长寿二年，定读为"万"。

景抒情。家具作为人们生活的必备之物，往往就是那物、那景。诗人笔下的家具，不仅传递着世间的美好，承载着文人墨客的情感心境，也是不同时代人们生活的真实写照，蕴藏着劳动人民丰富的智慧。家具和诗词歌赋，相互见证，相互成就，为我们谱写一段段佳话，道出一个个人生的真谛。通过诗歌，我们能领略中国传统家具所蕴含的丰富文化内核以及传统中华文化的博大。

中国自古就是诗的国度，翻开中国古代的诗词典籍，家具的踪迹随处可见，只是人们似乎觉得其太过寻常，往往忽略了它的存在。

古老的床榻上躺卧的不仅是诗人，也有历代文人的喜怒哀乐。在古老的《诗经》中不仅有"或燕燕居息，或尽瘁事国，或息偃在床，或不已于行"[1] 的怨声，也有"乃生男子，载寝之床"[2] 的喜悦；在东汉《孔雀东南飞》中有着"今若遣此妇，终老不复取，阿母得闻之，槌床便大怒"的怒意；三国曹丕《燕歌行》中还有"明月皎皎照我床，星汉西流夜未央"的惆怅。古代众多优美的诗句，让我们对早已熟悉的家具"床"有了更多别样的情绪。

随着时代的发展，南北朝时期诗歌发展逐渐多元、成熟，人们对于诗歌的审美更加多样，充满了时代的特色。诗歌里的家具既有陶渊明"敝庐何必广，取足蔽床席"[3] 的简朴，对田园生活的满足，也有萧纲"刻香镂彩，纤银卷足，照色黄金，回花青玉，漆华映紫，画制舒绿，性广知平，文雕非曲"[4] 的奢华

---

[1] 相关内容源自《诗经·小雅·北山》。

[2] 相关内容源自《诗经·小雅·斯干》。

[3] 相关内容源自陶渊明《移居二首》。

[4] 相关内容源自萧纲《书案铭》。

精致。萧纲笔下的漆木家具精致华贵，可被视为艺术品，能让皇帝专门为其写诗，可见精美的家具在当时是身份和品位的象征。自汉代开始传入的胡床，也经常出现在南朝诗词之中，诗人庾肩吾就专门为其作诗《咏胡床应教诗》："传名乃外域，入用信中京。足欹形已正，文斜体自平。临堂对远客，命旅誓初征。何如淄馆下，淹留奉盛明。"

唐宋时期是诗词文化的巅峰时期，诗风盛极，诗人辈出。田园派、边塞派、写实派、婉约派、豪放派、浪漫派等各种流派的诗歌层出不穷，绝句、律诗也在此时最终定型。诗人的豪情、伤怀、思念、喜悦更加真切地出现在诗词之中，有许多以家具为题材的诗词佳话应运而生。

床榻

唐诗中最脍炙人口的千古名句当属李白的《静夜思》："床前明月光，疑是地上霜。举头望明月，低头思故乡。"月光洒满床头，满含着诗人的思绪和乡愁。而杜甫的《江畔独步寻花》"江上被花恼不彻，无处告诉只颠狂。走觅南邻爱酒伴，经旬出饮独空床"表现出的却是"空床"的寂寥，是诗人对友人的思念和等待。到了白居易的《雨中招张司业宿》"过夏衣香润，迎秋簟色鲜。斜支花石枕，卧咏蕊珠篇。泥泞非游日，阴沉好睡天。能来同宿否，听雨对床眠"，描绘出的又是一番朋友相聚、温馨亲密的场景，自此也有了"夜雨对床"的成语。

宋代"床榻"依旧是诗人们的最爱，夜雨对床的佳话仍在延续，苏轼在《东府雨中别子由[1]》中就写道："客去莫叹息，主人亦是客。对床定悠悠，夜雨空萧瑟。"在《满江红·怀子由作》中还有："孤负当年林下意，对床夜雨听萧瑟。"其中可见手足

---

[1] 子由为苏轼弟弟苏辙的字。

之情难以割舍。复杂的情感，对生活、对理想的思考只有在床榻上才能相互倾诉。宋代夜雨对床一直被人们津津乐道，在很多的诗词中都可见到，南宋诗人张元干在《贺新郎·送胡邦衡待制赴新州》中写道："万里江山知何处，回首对床夜语。"韩淲的《好事近》中也有："见说对床夜雨，世间尘都扫。青毡堂外瑞峰高，云气拂晴昊。"辛弃疾的《临江仙·再用前韵送祐之弟归浮梁》中还有："钟鼎山林都是梦，人间宠辱休惊。只消闲处过平生。酒杯秋吸露，诗句夜裁冰。记取小窗风雨夜，对床灯火多情。问谁千里伴君行。晓山眉样翠，秋水镜般明。"

床的种类有很多，除了大家熟悉的床榻，还有绳床、笔床等。岑参的《山房春事二首》中就有笔床的身影："风恬日暖荡春光，戏蝶游蜂乱入房。数枝门柳低衣桁，一片山花落笔床。梁园日暮乱飞鸦，极目萧条三两家。庭树不知人去尽，春来还发旧时花。"郑谷的《思图昉上人》虽然也是夜雨对床，用的却是绳床："每思闻净话，夜雨对绳床。"

和床相近的榻也时常出现在诗词之中，《孔雀东南飞》中就写道："移我琉璃榻，出置前窗下。左手持刀尺，右手执绫罗。朝成绣夹裙，晚成单罗衫。"这件床榻镶嵌琉璃，制作精美，可见其在主人心中的地位不凡。后世也就有了"下榻酒店"的说法，表示礼遇，招待客人。到了元代，榻依旧是人们生活中的家具，倪瓒在《怀归》中就说道："三杯桃李春风酒，一榻菰蒲夜雨船。"

除床榻外，众多种类的家具也都受到了诗人们的青睐，频繁地出现在诗词之中。

书柜

白居易专门为自己的书柜作诗《题文集柜》："破柏作书柜，柜牢柏复坚。收贮谁家集，题云白乐天。"诗人眼中的书柜不再是一件简单的家具，更像是陪伴自己多年的良师益友。同白居易一样，陆游对于自己朝夕相伴的书架也有难以言喻的情感，在《晨起》中这样写道："余年亦自惜，未忍付酒杯。抽架取我书，危坐阖复开。"

桌案

古代的案有很多种，面对桌案，人们也有着不同的心绪。在鲍照的《拟行路难·其六》中，"对案不能食，拔剑击柱长叹息"道出的是怀才不遇的愤慨之情；在乔吉的《小桃红·绍兴于侯索赋》中，"昼长无事簿书闲，未午衙先散。一郡居民二十万。报平安，秋粮夏税咄嗟儿办。执花纹象简，凭琴堂书案，日日看青山"描绘的是轻松闲适、眺望青山的惬意生活；倪瓒的《折桂令·拟张鸣善》中，"山人家堆案图书，当窗松桂，满地薇蕨"则又是内心满满的抑郁与苦闷。

屏风

屏风作为最为古老的家具之一，地位超然，是权力的象征，它集实用功能与审美价值于一身，一直受到人们的重视，自然也受到众多文人墨客的偏爱。《诗经·大雅》中就提道："大邦维屏，大宗维翰。怀德维宁，宗子维城。"可见屏风在先民心中的地位。萧纲在《咏萤诗》里写道："屏疑神火照，帘似夜珠明。"屏风被萤火虫那神奇的火光照亮，好一番冷清与静美的景象。杜牧的《秋夕》中也有流萤配画屏的描绘："银烛秋光冷画屏，轻罗小扇扑流萤。天阶夜色凉如水，卧看牵牛织女星。"画屏，顾名思义，以山川风景、仕女人物等画面为屏风装饰内容，内容丰富含蓄，艺术性、观赏性俱佳。杜牧有专门描写画屏的《屏风绝句》："屏风周昉画纤腰，岁久丹青色半销。斜倚玉窗鸾发女，拂尘犹自妒娇娆。"诗中周昉所画纤腰女子的精妙自不必说，色彩的褪去让屏风更多了岁月的痕迹和时光流逝的美。除了画屏，还有草书屏风，韩偓的《草书屏风》中就写道："何处一屏风，分明怀素踪。虽多尘色染，犹见墨痕浓。怪石奔秋涧，寒藤挂古松。若教临水畔，字字恐成龙。"书画和屏风的结合即使被尘色所染，仍难掩其浓厚的艺术魅力。书画入屏也成了历代文人的雅好，宋代《古今诗话》中就有这样的记载："东坡爱之，书之于玉堂屏风。石曼卿使画工绘之作图。"它讲的是大文豪苏东坡将潘阆所写的数首《忆余杭》写在屏风上，立于翰林院中，在当时就被传为佳话。

除了画屏，素屏也以自身特有的美，深得文人们的喜爱。白居易就有《三谣·素屏谣》："素屏素屏，胡为乎不文不饰，不丹不青？当世岂无李阳冰之篆字，张旭之笔迹？边鸾之花鸟，张璪之松石？吾不令加一点一画于其上，欲尔保真而全白。吾于香炉峰下置草堂，二屏倚在东西墙。夜如明月入我室，晓如白云围我床。我心久养浩然气，亦欲与尔表里相辉光。尔不见当今甲第与王宫，织成步障银屏风。缀珠陷钿贴云母，五金七宝相玲珑。贵豪待此方悦目，晏然寝卧乎其中。素屏素屏，物各有所宜，用各有所施。尔今木为骨兮纸为面，舍吾草堂欲何之？"素屏布置的房间夜如明月入室，晓如白云围床，简单、自然的美深深打动了诗人，让生活具有了清新与宁静，也表达了诗人内心对自然和恬静、安宁生活的向往。

屏风最配夜色、烛火与美人。李商隐就有两首屏风与美人的诗，《嫦娥》："云母屏风烛影深，长河渐落晓星沉。嫦娥应悔偷灵药，碧海青天夜夜心。"好一番深宫夜晚的静谧和孤寂。《为有》开头也有描绘："为有云屏无限娇，凤城寒尽怕春宵。"云母屏风与美人相互衬托，相互辉映。

屏风在唐宋时期是烘托婚嫁美满、喜庆氛围的重要家具，十二扇画屏围合的空间，充满了人间的美满和喜悦，是对新人最好的祝福。在《敦煌变文集·下女夫词》中就有这样的描写：

"堂门策四方，里有四合床。屏风十二扇，锦被画文章。钥开如意锁，帘拢玉奁妆。好言报姑嫂，启户许檀郎。"李贺的《屏风曲》就是专门描写新婚场景的七言律诗："蝶栖石竹银交关，水凝绿鸭琉璃钱。团回六曲抱膏兰，将鬟镜上掷金蝉。沉香火暖茱萸烟，酒觥绾带新承欢。月风吹露屏外寒，城上乌啼楚女眠。"屏内温暖、奢华的新婚生活与屏外寒冷、孤寂的现实世界形成巨大的生活差异，迥异的生活场景令人无限唏嘘。

屏风有大有小，小的屏风如枕屏，安置在床头伴人入眠。苏轼的《送运判朱朝奉入蜀》中就有："梦寻西南路，默数短长亭。似闻嘉陵江，跳波吹枕屏。"大的屏风，便是山川青嶂，让人见了直抒胸臆。李白《庐山谣寄卢侍御虚舟》："五岳寻仙不辞远，一生好入名山游。庐山秀出南斗傍，屏风九叠云锦张。"倪瓒《三月一日自松陵过华亭》："竹西莺语太丁宁，斜日山光澹翠屏。春与繁花俱欲谢，愁如中酒不能醒。"苏轼的《行香子•过七里濑》中也有："重重似画，曲曲如屏。算当年、虚老严陵。君臣一梦，今古空名。但远山长，云山乱，晓山青。"

藤制家具、竹制家具

藤制家具、竹制家具似乎与诗人的气质更为般配，历代描写此类家具的诗句也非常的多。韩愈在《题秀禅师房》中写道："桥夹水松行百步，竹床莞席到僧家。"竹床和莞席，自古就是中国人生活中的标配。白居易的《村居寄张殷衡》中也有："药铫夜倾残酒暖，竹床寒取旧毡铺。"其反映的则是竹家具的舒适性和实用性。

炎炎夏日，竹床自然是消暑纳凉最佳的选择，无数文人墨客对于竹床从不吝啬称赞之词。苏辙在《病退》中就有"冷枕单衣小竹床"之句，杨万里亦有《竹床》诗："已制青奴一壁寒，更揩绿玉两头安。"陆游也有《竹窗昼眠》诗："初夏暑雨薄，但觉白日长。向来万里心，尽付一竹床。新笋出林表，森然羽林枪。时闻解箨声，灵府生清凉。平生喜昼眠，此志晚乃偿；安枕了无梦，孰为蝶与庄？徐起掬寒泉，中有菱丝香。清啸送落日，与世永相忘。"蔡确的《夏日登车盖亭》更是尽显夏日有竹床助眠的潇洒惬意："纸屏石枕竹方床，手倦抛书午梦长。睡起莞然成独笑，数声渔笛在沧浪。"纸围屏风、青石作枕，卧在竹床上多么清凉，又湖光山色，心旷神怡，久举书卷已疲累，抛书一旁入梦乡。梦醒时分，细细思量，不觉独自微笑，几声清亮的渔笛悦耳动听，回旋在沧浪的水上，悠闲恬静的生活真是令人羡慕不已。而到了辛弃疾的《菩萨蛮·葛巾自向沧浪濯》，则是"葛巾自向沧浪濯。朝来洒洒那堪著。高树莫鸣蝉。晚凉秋水眠。竹床能几尺。上有华胥国。山上咽飞泉。梦中琴断弦"。同样是竹床，透露出的则是一股豪情万丈却壮志难酬的慷慨悲凉。

除了竹床，藤床也是文人抒发胸臆的不错选择。李清照在《孤雁儿》中写道："藤床纸帐朝眠起。说不尽、无佳思。沉香断续玉炉寒，伴我情怀如水。"苏轼的《定风波》中也有："闲卧藤床观社柳。"同是卧于藤床之上，豁达的苏轼明显更懂得享受生活的宁静与美好。

家具传递的情怀与思绪

我国历史上有众多忧国忧民的诗篇，很多情怀与思绪都是借助家具来表达。杜甫在《茅屋为秋风所破歌》中写道："布衾多年冷似铁，娇儿恶卧踏里裂。床头屋漏无干处，雨脚如麻未断绝。"在他的《新婚别》中还有："嫁女与征夫，不如弃路旁。结发为君妻，席不暖君床。"生活的艰难，妻子的忧愁，可见战争带给人民的是无尽的疾苦。社会的兴衰让诗人忧愤，也只有家里无言的器具在见证着世事的变迁。杜牧的《题村舍》"三树稚桑春未到，扶床乳女午啼饥"体现的则是农民的辛劳和百姓的艰辛。

除了社会的不公、世事的艰难，诗歌中的家具更是思乡愁绪的最佳载体。元稹的《嘉陵驿二首》写道："嘉陵驿上空床客，一夜嘉陵江水声。"李商隐的《端居》中也有："远书归梦两悠悠，只有空床敌素秋。"它们都是客居他乡的思乡名作。白居易的《赠内子》更是情景交融，思念妻儿的愁绪在文字间体现得淋漓尽致："白发长兴叹，青娥亦伴愁。寒衣补灯下，小女戏床头。暗淡屏帏故，凄凉枕席秋。贫中有等级，犹胜嫁黔娄。"

在表现爱恨别离的诗词中同样有颇多家具。李清照的《醉花阴·薄雾浓云愁永昼》中有："薄雾浓云愁永昼，瑞脑销金兽。佳节又重阳，玉枕纱厨，半夜凉初透。东篱把酒黄昏后，有暗香盈袖。莫道不销魂，帘卷西风，人比黄花瘦。"凄冷寂寥的氛围，表达了词人孤独寂寞的心情和对丈夫深深的思念。温庭筠的《瑶瑟怨》中有："冰簟银床梦不成，碧天如水夜云轻。雁声远过潇湘去，十二楼中月自明。"其写出了女子别离的悲怨，凄凉独居、寂寞难眠，诗中满是深深的幽怨。

家具的材质美

诗词中除了有家具本身的美，还有家具的材质美。唐代紫檀木等众多的名贵木材，已被广泛地用于制作家具等器物[1]。到了宋代，家具的材质已经非常的丰富，紫檀木、乌木、榆木、枣木等木材，皆是家具制作的良材。新的高档硬木制作的家具让诗人们喜爱有加，赞叹不已，宋代诗人林逋在《山园小梅》中就写道："霜禽欲下先偷眼，粉蝶如知合断魂。幸有微吟可相狎，不须檀板共金樽。"晏殊的《玉楼春》中也有："春葱指甲轻拢拈，五彩条垂双袖卷。雪香浓透紫檀槽，胡语急随红玉腕。"

---

[1] 孟浩然在《凉州词》中写道："浑成紫檀金屑文，作得琵琶声入云。胡地迢迢三万里，那堪马上送明君。"

晏殊的《浣溪沙》中这样描写道："为我转回红脸面，向谁分付紫檀心。有情须殢酒杯深。"陈与义的《菩萨蛮·荷花》中还有："红少绿多时。帘前光景奇。绳床乌木几。尽日繁香里。"

诗文中常见的家具不再是简单的器物，它们在诗人笔下或是写实，或是写意，每一件家具都蕴含着诗人的情怀和思绪，拥有自己的故事。在诗文中，它们具有了非凡的艺术魅力，被赋予了各种气质，成为精彩绝艳的文化载体。细细品味诗中的家具，它们承载着的是各个时代的人文气息和历史印记，是人们对于美好生活的追求和热爱。

第四节　中国家具与社会生活

中国自古便是"礼仪之邦"，早在奴隶制社会的周代就有了"周礼"，随后的儒家礼制更是延续几千年。"礼"是古代中国人的行为规范和准则，历经千年的发展，深刻地影响着中国人的生活。人们遵从礼制，创造出专门用于祭祀的礼器、礼乐，同时也将礼制观念融入了社会日常生活中，中国家具作为中国传统文化的杰出代表，和其他器物一样，自然也具备了"礼制道德"的内核。

一、中国家具陈设中的礼

奴隶制社会随着等级观念的出现，有了奴隶主、自由民和奴隶的阶级差别；在奴隶主阶层中又出现了天子、诸侯、大夫、士的差异，身份认同的差异体现在行为规范与起居坐卧上，与此相关的家具也自然被要求有所不同，这种差异被固定下来，也就出现了周礼，有了"九鼎""五席"等和家具相关的礼仪。

到了封建社会，阶层区分更加细化，器物的丰富程度也远超之前，器物中的"礼"也就表现得更为翔实。平民分出了三教九流、贩夫走卒；贵族中也区分出了王公贵胄、士大夫和文人隐士等；就算是家庭内部也有着严格的尊卑、主从、嫡庶、长幼等关系。中国传统礼制中非常强调"尊卑有序""男女有别"，这种观念深刻地体现在了中国传统社会的方方面面，不同阶层的喜好与需求都需要藏礼于器，最终体现在了家具的形制和装饰之中。

　　中国传统家具的形制在宋代成形，到明清时期，我国古典家具艺术走向了巅峰。明清时期也是家具礼制最为完备、各种记载最为翔实丰富、遗存最多的时期。要了解传统家具的"礼达而分定"、家具中蕴藏的传统道德意蕴和精神内核，明清家具是最好的样本。

　　我国古代，历代朝廷都设有专门的礼部对王公贵胄、官员百姓的用度制定详细的礼仪规范。到了明代朱元璋时期，"参酌宋典"制定的《大明会典》中是这样规定的：

　　"凡器皿，洪武二十六年定：公侯一品二品酒注、酒盏用金，余用银。三品至五品酒注用银，余皆用瓷。漆、木器并不许用朱红抹金描金雕琢龙凤纹。庶民酒注用锡，酒盏用银，余瓷。漆，又令官员床面、屏风、隔子并用杂色漆饰，不许雕刻龙凤纹金饰朱漆。"

　　"三十五年申明官民人等，不许僭用金酒爵，其桌椅木器亦不许用朱红金饰。"

　　"房屋器用等第：……凡帐幔，洪武元年令，并不许用赭黄龙凤纹。职官一品至三品许金花刺绣纱罗。四品五品刺绣纱罗，六品以下许用素纱罗，庶民用纱绢。三年令，职官一品至五品帐幔许用绫罗纱，被褥许用苎丝锦绣，六品至九品帐幔许用纱绢，被褥用绫罗绸缎，庶民用绸绢布。"

"皇太子以下及群臣赐坐上坐墩之制，参酌宋典，各为等差。其制：皇太子以青为质，绣蟠螭云花为饰，……宰相及一品以赤为质，饰止云花。二品以下蒲墩，无饰。凡大朝会锡宴，文官三品以上，武官四品以上，上殿者赐坐墩。"

"品官相见礼：……（洪武）三十年令，凡百官以品秩高下分尊卑，品近者行礼，则东西对立，卑者西，高者东。其品越二、三等者，卑者下，尊者上。其越四等者，则卑者拜下，尊者坐受。有事则跪白。凡文武官公聚，各依品级序坐，若资品同者，照衙门次第。"

详细而烦琐的礼制规范，其主要的目的是强化等级观念，从而维持社会秩序的稳定。这些规范不仅在家具器物的材质、用色、纹饰等各方面都做了等级的划分，也在空间上对人的等级做出了划分。特定的家具形态和家具陈设的布置方式对于等级观念的建立和强化起着至关重要的作用。在明代大量的刻本小说、戏曲插图以及绘画作品中都有丰富的展现，如明刻本《鲁班经》插图、明万历二十年刻本《西游记》插图等。

明代最流行的坐具是交椅和灯挂椅，在室内陈设中会利用二者样式上的不同进行主客划分。交椅更舒适，坐姿更加的随意，以此暗示主人的地位。一般的灯挂椅在传统椅具中是最为普通的存在，坐者自然也就普通。今天我们常常会用"坐第一把交椅"来体现权力或者地位尊贵，这就是按照身份地位排座次的传统演变而来的。

厅堂是明清时期的大户宅邸主人会客、家族行礼仪的重要且唯一的场所，陈设布置按照礼制，严格有序。厅堂正中正对大门一般会设置一座屏风或隔墙，起到分割空间、挡风辟邪和加强私密性的作用。隔墙正中挂匾额、中堂字画，匾额的放置也有严格的顺序规定，一般按照"皇、相、翰林、名人、格言"

的顺序。中堂字画两侧配两条幅，内容多为儒家修身格言。板壁前放长条案，案几上放置画屏、花瓶、山石等有吉祥寓意的陈设，条案前是一张四仙或八仙桌，左右两边配扶手椅或太师椅，正对大门是主位。其余座位、花几、半桌、月牙桌、楹联、匾额、挂屏、书画等，则以中轴对称方式分列厅堂两侧或靠墙对称布置。中式厅堂的布置可按照需求进行调整，一般主位和长条案不动。

厅堂的座位需要按照主宾、尊卑、上下、长幼的关系有"序"设置，秩序为右主左宾、左上右下。当客人较多时要依长幼、名分的等级，由近至远地分坐在主座两侧的座位上；当椅子不够时就添加凳子，连凳子都没有了就只好站着。这种严谨的座次方式传达着中国人"孝悌忠义"的伦理观、等级观，是"礼"在明清社会生活中最好的体现。

二、《红楼梦》中的家具的等级

家具的等级差异在社会中的表现，对于今天的我们来说似乎有点遥远，但在封建礼制完备的清代，它却是真实且残酷的，这点通过曹雪芹先生的《红楼梦》我们就能深切地体会到。《红楼梦》作为反映清代贵族生活的文学作品，其真实地反映了清代社会中普遍存在的等级与伦理观念。家具在作品中不仅是塑造人物形象的工具，也是封建时代精神文化与制度文化的记录者与承载者。

《红楼梦》中关于家具的记载翔实丰富，家具出现的频率和种类也非常多，其中最能体现人物尊卑、等级差异的应该是坐卧具。坐具在宋代成形后就有着相对明确的等级划分，最尊贵的自然是龙椅宝座，其次是榻，然后是交椅、太师椅、圈椅、官帽椅，等级相对较低的是凳子、坐墩和杌子，坐具中等级最低的是脚踏。

脚踏

《红楼梦》中多次描写到脚踏，脚踏本应是炕前或椅前供垫脚用的矮木凳，但在书中却很少按这种方式使用，更多的是作为奴仆下人的坐具，用以体现主仆的身份差异。

在第十六回中："说话时贾琏已进来，凤姐便命摆上酒馔来，夫妻对坐。凤姐虽善饮，却不敢任兴，只陪侍着贾琏。一时贾琏的乳母赵嬷嬷走来，贾琏凤姐忙让吃酒，令其上炕去。赵嬷嬷执意不肯。平儿等早于炕沿下设下一机，又有一小脚踏，赵嬷嬷在脚踏上坐了。贾琏向桌上拣两盘肴馔与他放在机上自吃。"

赵嬷嬷不愿上炕与贾琏凤姐同吃，只肯坐在炕边脚踏上用机当餐桌，这无疑是为了体现自己身份卑微的行为。炕、桌和脚踏、小机在这里已经成为一种等级符号，在当时礼制文化的熏陶下，这种等级观念被人们普遍认同和接受，被认为是"礼数"的重要体现，有着广泛的社会基础，成为各个阶级身份认同的物化表现。

在第三十五回中："玉钏儿便向一张杌子上坐了，莺儿不敢坐下。袭人便忙端了个脚踏来，莺儿还不敢坐。"在莺儿、袭人这些十几岁的丫鬟心中，地位尊卑观念已经深入骨髓，日常的行为规范时时处处都应恪守，否则便是"乱了大家的规矩"。

在第五十六回中："'甄府四个女人来请安。'贾母听了，忙命人带进来。那四个人都是四十往上的年纪，穿戴之物，皆比主子不甚差别。请安问好毕，贾母命拿了四个脚踏来，他四人谢了坐，待宝钗等坐了，方都坐下。"可见封建礼制盛行的社会中，即使是远到的"客人"，依旧要严格遵循主仆尊卑该有的礼制。这种礼制文化已经是社会的基础，其构建的社会看似有序，实则畸形。

杌

杌就是今天的小板凳，和脚踏不同，它不是仆人的专属坐具，使用者的身份往往比较灵活。在书中，王夫人、贾珍等有着主人身份的晚辈，在贾母面前往往就是坐在杌上，有一种纡尊降贵的意味。

书中第三十五回就写道："贾母向王夫人道：'让他们小妯娌服侍，你在那里坐了，好说话儿。'王夫人方向一张小杌子上坐下……"

第七十五回："贾母命坐，贾珍方在近门小杌子上告了座，警身侧坐。"

第四十三回："贾母忙命拿几个小杌子来，给赖大母亲等几个高年有体面的妈妈坐了。贾府风俗，年高服侍过父母的家人，比年轻的主子还有体面，所以尤氏凤姐儿等只管地下站着，那赖大的母亲等三四个老妈妈告个罪，都坐在小杌子上了。"

让下人坐而主人站着，也可算是对仆人的最大礼遇。书中专门交代所用的坐具依旧是杌，并非其他更高等级的坐具，所要传达的是，在封建礼制严苛的社会，即使是礼遇也有等级，并非可随意为之。

椅

明清社会主人们的坐具主要是绣墩、交椅、圈椅、太师椅等，椅类家具虽然也有等级的区分，但相较脚踏和杌子，等级差异没有那么强烈。在书中很多时候都是根据人物所处的环境，按照人物的特性布置使用。其在体现中式审美的同时，强调的是长幼有序、以左为尊的观念，同样是礼制文化的重要载体。

书中第三回林黛玉初入贾府的时候，有大量关于贾府陈设和礼仪的描写，如：

"大紫檀雕螭案上，设着三尺来高青绿古铜鼎，悬着待漏随朝墨龙大画……地下两溜十六张楠木交椅，又有一副对联，乃乌木联牌……两边设一对梅花式洋漆小几。左边几上文王鼎匙箸香盒；右边几上汝窑美人觚——觚内插着时鲜花卉，并茗碗痰盒等物。地下面西一溜四张椅上，都搭着银红撒花椅搭，底下四副脚踏。椅之两边，也有一对高几，几上茗碗瓶花俱备。"

"贾母正面榻上独坐，两边四张空椅，熙凤忙拉了黛玉在左边第一张椅上坐下，黛玉十分推让。贾母笑道：'你舅母你嫂子们不在这里吃饭。你是客，原应如此坐的。'黛玉方告了座，坐了。贾母命王夫人坐了。迎春姊妹三个告了座方上来。迎春便坐右手第一，探春坐左第二，惜春坐右第二。"

在这段描写中，我们除了惊叹于贾府的奢华，也可知贾府日常生活中的主要坐具是椅子。文中特地交代贾府正厅的交椅，也代表着交椅在椅具中的地位不低。在众人入座时，除了贾母，其他人都是坐的椅子，只是有了长幼有序的座次安排和入座顺序。这一方面印证了坐具的等级系统"脚踏—杌子—椅子—榻"，同时也让我们感受到了"礼"在没有阶级差异，但人物等级关系复杂的环境中是如何运作的。在第五十三回中更是直接写道："左右两旁设下交椅，（众人）然后又按长幼挨次归坐受礼。"

家具所形成的等级系统并非绝对，在一些特定的状况下也是可以有所变通的，例如在第十三回贾珍到荣府请凤姐代为料理宁府事务时，"邢夫人等忙叫宝玉搀住，命人挪椅子来与他坐"。当人物的等级差异较小时，家具的使用也就没有非常严格了。换言之，家具的等级是依附于人物的身份和等级而存在的。

床、榻

明清时期中国北方地区的生活多以床榻为中心。《红楼梦》中关于床榻的描写非常多，很多情节都是围绕着床榻展开，其中也是处处体现着长幼尊卑的礼制，同时也让我们感受到了床榻在众多家具中的地位。

第四十回："这里凤姐儿已带着人摆设整齐，上面左右两张榻，榻上都铺着锦裀蓉簟，每一榻前有两张雕漆几，也有海棠式的，也有梅花式的，也有荷叶式的，也有葵花式的，也有方的，也有圆的，其式不一。一个上面放着炉瓶，一分攒盒；一个上面空设着，预备放人所喜食物。上面二榻四几，是贾母薛姨妈；下面一椅两几，是王夫人的，余者都是一椅一几。东边是刘姥姥，刘姥姥之下便是王夫人。西边便是史湘云，第二便是宝钗，第三便是黛玉，第四迎春、探春、惜春挨次下去，宝玉在末。"

第五十三回："贾母于东边设一透雕夔龙护屏矮足短榻，靠背引枕皮褥俱全。榻之上一头又设一个极轻巧洋漆描金小几，几上放着茶吊、茶碗、漱盂、洋巾之类，又有一个眼镜匣子。"

第七十一回："独设一榻，引枕靠背脚踏俱全，（贾母）自己歪在榻上。榻之前后左右，皆是一色的小矮凳，宝钗、宝琴、黛玉、湘云、迎春、探春、惜春姊妹等围绕。"

床榻是明清社会百姓日常生活中具有一定等级象征的家具，在人们日常起居交流中起着核心的作用。相较椅，人们在其上不需要正襟危坐，相对放松，更加轻松和生活化。这种放松和交椅上的放松一样，更能体现坐者的身份地位。

《红楼梦》作为清代社会的百科全书，丰富全面地为我们展示了清代中期的社会面貌。清代中期豪门富户纸醉金迷的生活场景真是让人叹为观止。家具作为每家必备之物，在传统中国社会中不仅是财富的象征，更是等级尊卑的标志物，起着"明伦理，分等级"的作用。

通过家具等器物，"礼"维系着传统中国高效而有序的运转；同时，礼制文化作为中华文明极为重要的部分，也深刻影响着家具的使用形式与使用过程。二者相辅相成，在创造辉煌灿烂文明的同时，也因时代的局限，让严苛残酷的阶级观念、等级制度深入人心，极大地限制着社会发展。在《红楼梦》等众多文学作品中，我们就能深刻地体会到，在清中后期完备、严苛、僵化的礼制，对于中国家具、对于中国社会的发展的限制。在腐朽没落的社会制度中，虽有广式家具这样中西结合的新产品出现，但中式家具的发展基本丧失了活力，整体表现暮气沉沉，缺乏创造力。

第四章

中国家具的文化
价值和世界地位

中华文明与域外文明有着几千年的交流与接触。在此过程中，人们的生活习惯由最初的席地而坐转变为了垂足而坐，可谓是天翻地覆的改变。这种变化让人们的生活更加舒适合理，而行为习惯转变的背后，则是中华文明以开放包容的姿态对世界其他文明精华的吸纳与融合。中国家具作为这一过程的亲历者和受益者，在文明的交流中不断吸收着其他文明的经验与智慧，最终形成了独具东方意蕴的中式家具和家具文化。文明的交流与发展自然需要互利互惠、相互成就，伴随着文化的交流与传播，中国家具也毫无保留地将自己的优秀文化基因广泛地传播到世界各地，影响着其他文明和世界家具的发展。

中国家具和世界的交流可以分为两部分：一是中国家具对域外家具的接纳与改造，二是中国家具对周边地区及世界的影响。

第一节　中国家具对域外家具的接纳与改造

中国家具样式的转变，始于汉代佛教传入和胡床流行，最终在宋代基本形成今天我们熟知的中式家具。这个过程的转变原因非常多，主要可以归纳为三个方面。

一、外来宗教对中国家具的影响

汉代丝绸之路的开通让中华文明与其他域外文明的交流更为频繁，文化交流、宗教传播有了通道，伊斯兰教、基督教、拜火教、佛教等众多宗教，很早就以各种方式传入中国。在众多的宗教中，佛教对中国文化、中国家具的影响最为深远，是中国对外吸纳的最为重要的文化。

佛教自汉代传入，在魏晋及隋唐时期得到广泛的传播，并逐渐与中华文化融合，到了宋元时期，佛教基本完成了本土化。在此过程中，和佛教相关的家具也经历了从简单的引入，到逐渐被接纳、与中国家具融合，最终形成具有东方意蕴、特色的家具的过程。中国对佛教家具的接纳和改造过程，正好对应了中国家具由低矮家具向高座家具过渡的时期，虽不能说中国高座家具的出现和普及是佛教所推动的，但佛教在中国家具演变过程中确实起到了推波助澜的重要作用。

佛教对中国家具的影响主要有两方面。

一是对家具样式的影响。佛教在传入之时就已经有了非常健全的体系，因此在其传入时，与其相关的家具体系也被一并输入。虽然我国汉代已经出现了高足家具，但受到礼制等诸多因素的限制，其普及的程度明显有限，只在极少数的画像砖中有所体现。佛教作为外来宗教明显具备了规避礼制限制的天然优势，随佛教而来的绳床、筌蹄、方凳、椅、墩等与其相关的家具，在规避礼制的基础上给人们带来全新的家具式样、起居理念和生活方式。当然在高足家具进入人们视野的早期，它们也只能在教众之间流行，因此我们只在南北朝时期的佛窟、壁画中能见到它们的身影。随着战乱的频繁、玄学的盛行、佛教的普及、传统礼制的崩坏，高足家具的传播逐渐扫清了障碍，社会的接纳程度日渐提高，到了隋唐也就出现了两种生活方式并行、低矮家具和高足家具并用的局面。高足家具的使用不再局限在佛教的范围，而在社会中得到了普及。在唐代众多的绘画作品中我们都能看到高足家具，只是家具的式样和我们熟知的中式家具还有一些差距。隋唐时期的家具样式已经有了创新和变化，新出现的高足家具式样已经开始符合中国的礼制和审美，这也为高足家具的普及奠定了基础。到了宋代，佛教完成了本土化，我国国内的"儒、释、道"三大宗教形成了三教合一的局面，中国家具也完成了由低矮家具向高足家具的过渡，高足家具正式成为家具的主流。融合了中国哲学思想的佛教教派禅宗等本土佛教教派的出现，也促使了诸如禅椅、罗汉床等新的具有中式哲学意蕴的家具式样出现。这一时期的家具结构方式也由壸门式变为了框架式，已经和我们熟悉的中式家具非常接近，成为后世明清家具的坚实的基础。

二是对家具纹饰的影响。佛教对于中国家具的影响还体现在纹饰上。在佛教传入之前，中国传统装饰纹样主要以兽类纹、云气纹和几何纹为主，在佛教的影响下，植物类纹饰的比重逐渐地增加，成为主流。此外，佛教还给我们提供了许多新的装饰纹样，例如火焰纹、忍冬纹、莲花纹、飞天纹、狮子纹、万字纹等，虽然莲花纹、忍冬纹等纹饰早已在中国出现，但佛教对于它们的普及和广泛使用起着不可磨灭的作用。

二、欧式风格对中国家具的影响

欧式家具对于中式家具的影响时间较晚，影响也相对有限。欧洲在人类文明史中崛起的时间较晚，在中华文明高速发展的唐宋时期，欧洲正处于黑暗的中世纪，当时强大的阿拉伯帝国横亘在欧亚之间也使得欧洲与我们的交流相对较少。欧式家具对中式家具的影响主要体现在清代中后期。随着东西方贸易的扩大，西番莲等纹饰以及巴洛克式家具的曲线造型才随商队和传教士传入中国。这些新的家具元素在和明式家具结合后发展出了新的中西结合的家具特色，成为广式家具的主要特色之一。得益于广式家具在清朝宫廷深受皇权阶层的喜爱，中西结合的样式最终获得了社会的认可和接纳，由此成为清式家具的重要特点。

三、南洋优质硬木对中国家具的影响

自唐代开始，中国大量地引入紫檀木、黄花梨木等优质的木材。硬木的使用使得家具的结构更加牢固，家具的品质得到极大的提升，因此自唐代开始硬木逐渐地成为高档家具的主要用材，从而逐渐形成了硬木文化。硬木的使用带来的变化主要有两方面。

一是装饰方式的变化。中国是漆的发源地，漆木装饰一直是中国家具的主要装饰方式。硬木的使用让中国家具在装饰手段上除髹漆之外有了更多的选择。硬木本身质地坚硬，又具有漂亮的天然纹理，在素装不髹漆的时候已然有着非常漂亮的外观，能更好地契合"天人合一"的哲学理念，因此自其出现便受到了宋明时期人们的追捧。加上硬木良好的可雕刻性，还使得雕饰在家具装饰中的占比越来越高，逐渐成为重要的装饰手段。

二是家具的结构方式的变化。唐宋时期相对稳定的社会面貌使得中国的科技得到了快速的发展，木工榫卯工艺已经非常的成熟，加上硬木优良的物理特性，让框架结构家具也能获得很好的稳定性，从而确立了中式家具的结构模式，为世界家具史上最为璀璨的明珠——"明式家具"的形成奠定了基础。

第二节　中国家具对周边地区及世界的影响

一、东南亚地区

　　自唐宋开始，中国对于东南亚、南亚的硬木需求逐渐增加。频繁的海上贸易，也为人口的流动创造了条件。《潮州志》记载："潮州对外交通，远肇唐宋，昔年帆船渡洋，一往复辄须经岁。"唐宋时期，潮汕等地区就已经开始了向东南亚的移民。"无可奈何春甜粿，打起包裹过暹罗。"虽是迫于无奈，但也充满了希望和梦想。元代忽必烈至元年间，官方还组织了一批技术移民。明代郑和七下西洋，多次出使南洋各国，海外通商贸易兴盛，带动了大批闽粤沿海居民前往南洋逐利。而随后的海禁政策又迫使人们有家不可回，流居于东南亚各地。

　　清军入关之后，沿海的明代遗民选择逃难海外。加上清前期严酷的海禁政策使得沿海百姓生存艰难，大量百姓只能被迫南下谋生。清代前往南洋谋生的沿海百姓数量非常庞大，据史料记载，1782 年至 1868 年约 100 年间，华侨人数达 150 万。长期大量的移民使得华人遍及东南亚各地，《潮州志》记载："潮州地狭民稠，出洋谋生者至众，居留遍及暹罗、越南、马来亚群岛、爪哇、苏门答腊等处。"《马来亚潮侨通鉴》提道："潮侨出洋，初至暹罗，于暹罗创有丰功伟绩，拥有极大势力，人数最众，故暹罗遂成为潮州人之第二故乡。由此分散南下，有至苏岛之旧港，后移占碑及廖内各小岛，有至马来亚之新加坡及柔佛。"

　　大量百姓在东南亚各国扎根繁衍，与当地人融合，逐渐地形成了例如峇（bā）峇娘惹等新的族群。这些族群故土难离，直到今天都顽强地保留着祖先自中国带去的很多中式礼仪文化、生活方式。家具作为中式礼仪和家观念的最好载体，自然也在这些族群中得到了很好的传承和发展。但毕竟远离故土又传承多代，所以也就会见到耆耆家里的陈设多种元素杂糅的现象。例如在带有浓郁东南亚风格的起居室中，摆放着供奉祖先灵位或是神佛像的条案；欧洲彩色瓷砖的墙壁前摆放着螺钿镶嵌的明式楠木家具；等等。

东南亚地区拥有众多的宗教，如南传佛教、伊斯兰教、基督教、印度教、少数民族原始宗教等，还有众多的民族，如缅族、马来族、印度族、爪哇族等。多民族、多宗教、多文化的相互碰撞使得东南亚家具在造型、纹饰等各方面都不严格拘泥于某一种风格。我们经常可以看到很多东南亚的家具造型选择的是中式传统式样，但纹饰却是南传佛教或伊斯兰教等宗教的色彩和符号；或者有的家具造型明显带有异域特色，但其纹饰却是中式凤凰、牡丹和喜气八仙等装饰纹样。多元化的碰撞，使得东南亚家具在造型上自由多变，纹饰上丰富多元，充满独特的文化和艺术韵味，极具民族特色。

中式家具和建筑技术的传入还为东南亚地区带去了成熟的榫卯工艺，使得东南亚家具在很早就呈现出和中式家具类似的结构工艺。这些工艺被东南亚众多的民族所学习，从而极大地促进了该地区建筑业和家具业的发展。

二、东亚日本

中国文化对日本的影响时间最长也最为深刻，有许多中国古代的生活方式、家具文化在日本得以保存和延续，成为日本文化的重要组成部分。

古代中日传统家具文化的交流可划分为三个时期，基本都呈现出中国输出、日本接纳学习的特点，它们的特质和背景如下：

汉魏至唐末：在这一时期中国对日本输出了宗教、绘画、音乐、政治、律令、建筑技术、建筑风格、漆器等各领域的文化。两国在家具文化上的交流也呈现为日本对中国家具文化的吸收。

宋元时期：这一时期，日本的文化有了一定的发展，自汉唐传入的低矮生活方式已经普及成形。两国的家具文化交流，不再是一边倒的局面，日本在吸纳、借鉴中国家具文化的同时也有了坚守、创造和发展。禅宗文化、佛寺建筑以及禅椅、祭桌、香台等高型家具在这一时期传入，给日本带来了新的生活方式和文化，对日本文化性格的形成产生了深远的影响。

明代至日本明治维新前：这一时期两国的家具文化交流有了双向性，但仍然以中国对日本的影响为主。自明代中日关系恶化开始，后续几百年中国对日本的影响日益微弱。两国间的交流主要来自移民和民间的通商贸易，这时明式家具、"硬木文化"传入了日本。

1. 汉魏至唐末

日本东大寺又称为大华严寺，是奈良的历史遗迹之一、世界文化遗产。东大寺的建立和发展深受中华文化影响，是中日文化交流的重要见证。

公元 740 年，由于受到武则天在洛阳建造天堂和在龙门石窟开凿雕刻卢舍那大佛的影响，东大寺由光明皇后力劝，圣武天皇发愿兴建，是日本奈良时期[1]的文化遗存。正仓院[2]位于东大寺大佛殿西北 300 米处，建于公元 8 世纪，是收藏贵重宝物的专用仓库，是古代日本学习吸纳外来先进文化的宝贵见证。

---

[1] 奈良时代：从 710 年到 794 年，日本进入封建社会。

[2] 正仓院：用圆木组合交叉搭建，称为"校仓式"建筑，分为北仓、中仓、南仓。古代日本，各大寺院和官衙都有自己的正仓院，用以收藏保管贡米、布匹等公有财物。今天只有东大寺正仓院得以保存。

正仓院收藏保存了大量珍贵的唐代文物，种类繁多，包括武具、文具、乐器、乐舞服装和面具、赌（游戏）具、装饰品、家具、食具、香药、文书、佛具等，几乎遍及当时社会生活的方方面面。正仓院的文物可分为三类：一是直接从唐朝传入的精美工艺品；二是经由中国传入的西域物品；三是日本仿制的唐朝物品。正仓院可以说是一个囊括 8 世纪亚洲文化的"大仓库"，为我们展现了古代东亚贸易和文化交流的丰富性。

正仓院的众多文物中有一些保存非常完好的唐代家具，这些家具在为我们展现大唐风貌的同时，也让我们感受到了中式家具对于日本文化的影响。

床榻

中式家具对于日本影响最大的应该是床榻以及和其相关的生活礼仪。人们一般认为，今天日本人的生活习惯来自公元 7 世纪初至 9 世纪对中国唐朝的学习。这段时间，日本向中国先后派遣了十几批遣唐使团。这些遣唐使到达长安后，首先要做的就是由鸿胪寺统一安排，进行礼仪方面的学习，在唐朝学习生活若干年后，遣唐使会将在唐朝学习到的礼仪、文化，收集的书籍、器物带回日本，这其中就有中国的"床"[1]。

正仓院中保存了数件奈良时代的床榻类家具。在《国家珍宝帐》中有记录："御床二张，并涂胡粉，具绯地锦端叠、褐色地锦褥一张，广长亘两床，绿绝裕覆一条。"这两张床是当时圣武天皇和光明皇后使用的"御床"。其造型与敦煌壁画和唐代墓葬壁画对比，可以看到器物的造型基本一致。这种四足矮床在唐代是十分普遍的家具，可以充当卧具、坐具，也可置于大床（桌）两侧，方便长排宴会使用。在日本，这种造型的床榻被用

---

[1] 唐代的"床"是一个笼统的称谓，泛指坐具和承具。床榻是唐朝最主要的家具之一，人们的日常起居大多是在各种床榻上进行。

作天皇的御床、御寝台使用，成为日本礼仪文化的一部分。

正仓院所藏中还有一把赤漆槻木胡床[1]，也十分少见，让我们可以看到靠背椅最初的形态，同样它的造型也可以在敦煌壁画和唐墓壁画中找到。这些床榻类家具在传到日本后，保持了在中国时的面貌，被认为是上国之物，作为国宝被保存至今，这也很好地印证了日本在当时对于唐朝文化的浓厚兴趣和积极吸收的态度。

屏风

正仓院目前所存的六扇仕女屏风，是唯一存世的 7 至 8 世纪纸本屏风。起初被认为是唐代的舶来品，后来日本学者判断"鸟毛立女屏风"表面贴饰的羽毛为日本山鸡的羽毛，并在其他屏风背面发现了"天平胜宝四年六月二十六日"的纪年，认为该屏风是日本工匠在本地制作完成。

画面中人物丰颊，造型饱满，线条流畅，充分呈现出盛唐的审美趣味。屏风的形制、题材、风格与唐代墓室壁画或绘画遗存相似，画中仕女的发型、妆饰、服装等都体现了盛唐之风，与陕西韦氏墓出土的《树下侍女图》、新疆吐鲁番出土的《树下美人图》相比，有着惊人的相似。

无论其是否是唐朝舶来之物，它都是日本奈良时代对中国家具艺术与绘画艺术学习、吸纳的见证。

2. 宋元时期

9 世纪末，唐王朝衰落，日本停止了遣唐使的派遣，并实施了禁海政策，直到 12 世纪中叶，其间"上国之风，绝而不闻"[2]。当两国交流在宋元时期再次开启，中国的科技与文化再一次涌入了日本。这一时期对日本影响最深的是中国禅宗，与之伴随

---

[1] 日本人称其为胡床，其形制更接近椅子。

[2] 相关内容源自《参天台五台山记》。

而来的是禅宗的"清规"与发展完备的建筑技术。佛门严格的清规戒律对伽蓝的总体平面、殿堂寮舍平面、样式形制、大木小木构造做法、室内陈设与家具配置等都有对应的礼仪规制。日本当时的入宋僧将其绘制成《五山十刹图》带回日本，并要求日本禅寺内的各种家具也必须依照宋禅寺的形制仿造，否则就无以"正法兴法"。从而使得法座、禅椅、祭桌、屏风、香台、坐床（榻）等在中国完成普及和改造的家具，以及它们的使用礼仪习惯传入了日本。南宋禅宗的传入促使了日本禅寺兴建之风日盛，建筑技术和木工技艺得到了快速的进步和发展，大量的对室内陈设和高型家具的需求，无疑也推动了日本家具制作工具与技艺的进步与发展。

这一时期日本家具已不再是完全模仿，而是已经开始结合本民族的特色进行"借鉴性的创造"，日本匠人开始在保持传入家具大致形貌的基础上进行再创造，例如去掉不适于日本席地生活方式的束腰装饰，将壸门装饰移植到符合日本审美的部位或其他家具品类上等。这一变化也符合人类文明发展的规律。

3. 明代至日本明治维新前

中国与日本的交流在元朝时期一度中断，到了明朝，两国间又有了贸易往来，中国的文化艺术、茶叶、手工艺品等再一次大量地输入日本，日本也有了香几等漆器货物可以传往中国，并得到认可。《长物志》《遵生八笺》等明代文献中都有关于倭漆家具的记载，它们深得人们的喜爱。但此时的中国家具已经不再以漆木家具为主，硬木家具已经成为中式家具的主流。日本的制漆工艺和漆器也在此后逐渐成为日本的标志。这一时期，明式家具也曾传入日本，在上层社会流行，虽并未能对日本自原始社会开始的跪坐的生活习惯产生根本的冲击，但已经为日本家具后期向高座家具转型埋下了伏笔。

日本盛产榉木，也有用榉木制作高档建筑和家具的历史，但这一材质一直未能成为主流。到了江户时期（1603—1868），随着双人拉锯、单人锯等先进木工工具的输入，大量加工使用榉木有了可能。榉木在中国是开启明式家具的先导材质之一，随着成熟完备的生产加工体系经长崎[1]传入日本，"硬木文化"在日本生根发芽，日本也就顺利地迎来了"榉木盛世"。

随后的日本开启了全面西化的进程。

三、欧洲

早在 15 世纪，中国传统家具便已经传入了欧洲。到 18 世纪清中期，东西方的贸易和文化有了频繁的交流。当时的中国向西方出口大量的瓷器、茶叶等货物，保有庞大的贸易顺差；同时也有大量的传教士到东方传教。随着茶叶等物品出现在普通人的生活中，中国风在欧洲逐渐地盛行。法国宫廷等欧洲皇室对于中国风元素的钟爱，进一步推动了中式元素在欧洲的流行，在陶瓷、漆艺家具上装饰中西融合的人物、山水、花鸟等成为时尚。今天，我们仍然能在欧洲看到大量的这类物品。在欧洲人热衷于中式元素、明清家具的同时，中国人也在吸纳巴洛克、洛可可家具的装饰技法与元素，东西方进入了短暂的蜜月期。中国明式家具也在此时像更早进入欧洲的中国瓷器一样正式确立了自己的地位。

英国的托马斯·齐彭代尔（Thomas Chippendale，1718—1779 年）被誉为"欧洲家具之父"，是 18 世纪最具影响力的家具设计家。其在 1754 年出版的家具设计书籍《绅士及家具制造者指南》（*The Gentleman and Cabinet-Maker's Director*）中写道：

---

[1] 明治维新前中国移民在日本的主要聚居地。

"在世界的范围内，可以以'式'相称的家具类型仅有三类，即明式家具、哥特式家具和洛可可式家具。"书中共计展示了 162 件家具、41 件装饰品及 42 件细部图纸，详细介绍了中式风格的椅腿兽爪球形雕刻、椅子靠背的 S 形曲线、中式花窗、透雕手法、回纹装饰等。书中最值得称道的设计有：将中国宝塔顶的轮廓巧妙地运用到床具和桌类家具的背板中；将椅子的后腿直通作靠背两边的立柱；以中式窗棂纹样为基础的椅子靠背设计。齐彭代尔还将中式棂格的通透性和大块玻璃相结合设计了书柜门，也大获成功。而在他后续的设计中还经常采用类似于明式家具中的"三弯腿"设计，且腿足上还多饰有回纹、菱形纹等经典的中国风纹饰。

托马斯·齐彭代尔的家具设计从中国园林、明式家具、哥特式家具中不断获得灵感，将中国家具的装饰特点与英国家具的形式相结合，制作了许多具有中国意蕴的家具，创造出了由他名字命名的"齐彭代尔式家具"。他所制作的家具区别于巴洛克风格的奢华，以线条疏朗、结构稳健取胜，不仅考虑到使用时的舒适性，还显露出东方明式家具的优雅精致。由此开始，西方的家具设计开始变得轻巧舒适，并向人性化设计靠拢。

齐彭代尔式家具风格在 1760 到 1780 年间还影响到了美洲的殖民地，在美国费城还出现了齐彭代尔家具学校，费城也由此成为美国齐彭代尔式家具的制作中心。

中式传统家具对于西方家具的影响还体现在配色、髹漆以及审美理念上。18 世纪 30 年代开始，欧洲家具制作进入了桃花心木时代，这种木材木色古朴，纹理华美，质地坚硬轻巧，适宜雕刻装饰，物理特性与中式家具中的硬木特性类似。这种木材制作的家具以木材本身的材质美取胜，极大地区别于传统的巴洛克式家具和哥特式家具的审美方式，更契合中国明式家具的审美理念。

　　明式家具作为中国传统家具的巅峰之作，在西方家具乃至世界家具的发展过程中有着深远的影响，但却很少被人们提及或是有意被人遗忘，不得不说是莫大的遗憾。

中国家具

| 原始社会 | 先秦 | 秦汉 | 隋唐 |

编织技艺成熟，卯榫技术出现，漆木制家具的生产已经有了完整的生产体系。

主要家具包括席、俎、禁、案、床、扆等，早期以青铜家具为主，春秋战国时期，漆木家具数量增加，逐渐成为家具主流。

低矮家具在汉朝进入辉煌时期。家具种类齐全，可分为坐卧类家具、承载类家具、储藏类家具、屏蔽类家具、支架类家具、金属陈设类家具等。

唐代是低座家具向高座家具转变的重要时期。家具样式有席、床榻、胡床、绳床、椅子、筌蹄、坐墩、月牙凳、步辇、腰舆、须弥座等。

五代	宋元	明	清

高型和低型家具在这一时期都在使用，但各种低矮家具的高度，都有了明显的增高，家具样式以发展高足家具为主。家具风格倾向简洁雅致。

高足家具成为社会主流，根据家具的品类、样式、材质等差异，重新定义人物身份等级。样式简洁，突出实用与适度。家具用材更加丰富，如乌木、紫檀木、花梨木等硬木被广泛使用。

中国家具发展的顶峰，众多传统家具在明代定型。对家具的审美发生变化，更多体现木材本身的质地、色泽和纹理，高档家具由传统的漆木家具转变为硬木家具。

清初到康熙前期，延续明朝样式及工艺。清中期，家具用料奢华，装饰繁复，追求高档、富贵。清晚期，材质做工快速衰退。